AutoCAD 2015
基础教程

主　编　张　宁　刘亚娟　王庆良

副主编　张　静　王　琦　吴　迪

　　　　许洪明　查湘义　张贝贝

参　编　杨孝禹

华中科技大学出版社
http://www.hustp.com
中国·武汉

内 容 简 介

本书的编写特点是体现工学结合的特色；突出实用性，图文并茂，少讲理论，多讲操作，一看就懂，一学就会；以建筑实例为载体，由浅入深并且有代表性和针对性；基础知识与实例有机结合，软件命令与实际应用有机结合；单元后面习题中给出的绘图题，可以让读者自己检测学习效果。本书以实例为教学单元，注意对学生动手能力的训练，加强对学生主动思维能力的培养。

全书共 6 大单元，分别是单元 1"AutoCAD 基础知识"，单元 2"AutoCAD 绘图基础"，单元 3"绘制简单的二维图形"，单元 4"绘制平面图"，单元 5"文字、表格与尺寸标注"，单元 6"AutoCAD 制图设计基础"，很多单元后面都附有单元小结和习题。

为了方便教学，本书还配有电子课件等教学资源包，任课教师和学生可以登录"我们爱读书"网站免费注册并浏览，或者发邮件至 husttujian@163.com 索取。

本书以大量的插图、丰富的应用实例、通俗的语言，结合建筑行业制图的需要和标准而编写，本书不仅可供教学和从事相关专业的工作人员学习和参考，还可作为初学者或培训班的教材；既能满足初学者的需求，又能使有一定基础的用户快速掌握 AutoCAD 2015 新增功能的使用技巧。

图书在版编目（CIP）数据

AutoCAD 2015 基础教程/张宁,刘亚娟,王庆良主编. —武汉：华中科技大学出版社,2018.4
国家示范性高等职业教育土建类"十三五"规划教材
ISBN 978-7-5680-3798-3

Ⅰ.①A… Ⅱ.①张… ②刘… ③王… Ⅲ.①AutoCAD 软件-高等职业教育-教材 Ⅳ.①TP391.72

中国版本图书馆 CIP 数据核字(2018)第 053388 号

AutoCAD 2015 基础教程
AutoCAD 2015 Jichu Jiaocheng

张　宁　刘亚娟　王庆良　主编

策划编辑：康　序
责任编辑：史永霞
封面设计：孢　子
责任监印：朱　玢
出版发行：华中科技大学出版社(中国·武汉)　　　电话：(027)81321913
　　　　　武汉市东湖新技术开发区华工科技园　　　邮编：430223
录　排：武汉正风天下文化发展有限公司
印　刷：武汉市籍缘印刷厂
开　本：787mm×1092mm　1/16
印　张：11
字　数：280 千字
版　次：2018 年 4 月第 1 版第 1 次印刷
定　价：28.00 元

前言

在当今的计算机工程界,恐怕没有一款软件比 AutoCAD 更具有知名度和普适性了。它是美国 Autodesk 公司推出的集二维绘图、三维设计、参数化设计、协同设计及通用数据库管理和互联网通信功能于一体的计算机辅助绘图软件包。AutoCAD 自 1982 年推出以来,从初期的 1.0 版本,经多次版本更新和性能完善,现已发展到 AutoCAD 2019。它不仅在机械、电子、建筑、室内装潢、家具、园林和市政工程等设计领域得到了广泛的应用,而且在地理、气象、航海等领域,甚至乐谱、灯光和广告等领域也得到了广泛的应用,目前已成为计算机 CAD 系统中应用最为广泛的图形软件之一。同时,AutoCAD 也是一个具有开放性的工程设计开发平台,其开放性的源代码可以供各个行业进行广泛的二次开发,目前国内一些著名的二次开发软件,比如 CAXA 系列、天正系列等无不是在 AutoCAD 基础上进行本土化开发的产品。

为了满足高等职业技术院校的教学需要,加快我国高素质紧缺型、技能型人才培养的步伐,高职办学要以就业为导向,以市场需求制定"订单式"培养目标,要特别注重对学生的专业技能、动手能力的培养。本书以 Autodesk 公司开发的绘图软件 AutoCAD 2015 中文版为基础,由浅入深、详细地介绍了 AutoCAD 2015 中文版的使用方法和功能。在编写原则上,做到理论知识浅显易懂,实际训练内容丰富,使读者在短时间内提高绘图技能,成为建筑设计绘图的高手。在编写方式上,大胆创新,精选了一批富有代表性工程应用实例作为教材编写的主线,打破章节及内容的约束,精讲实例,选择有利于学生自学的课外实战练习。在编写内容上,本书着重介绍了 AutoCAD 2015 制图方面的使用方法及技巧,每个实例都以知识重点开始,详尽地讲解绘图步骤。读者只需按照书中的实例进行操作,就能够迅速地掌握 AutoCAD 2015 的绘图功能。

本书的编写特点是体现工学结合的特色;突出实用性,图文并茂,少讲理论,多讲操作,一看就懂,一学就会;以建筑实例为载体,由浅入深并且有代表性和针对性;基础知识与实例有机结合,软件命令与实际应用有机结合;单元后面的习题中给出的绘图题,可以让读者自己检测学习效果。本书以实例为教学单元,注意对学生动手能力的训练,加强对学生主动思维能力的培养。本书以大量的插图、丰富的应用实例、通俗的语言,结合建筑行业制图的需要和标准而编写,本书不仅可供教学和从事相关专业的工作人员学习和参考,还可作为初学者或培训班的教材;既能满足初学者的需求,又能使有一定基础的用户快速掌握 AutoCAD 2015 新增功能的使用技巧。

本书由辽宁建筑职业学院张宁、重庆能源职业学院刘亚娟及辽宁建筑职业学院王庆良任主编;由辽宁建筑职业学院张静、王琦、吴迪、江苏商贸职业学院许洪明、辽宁省交通高等专科学校查湘义、三峡电力职业学院张贝贝任副主编;杨孝禹任参编。其中,单元 1 由王庆良、查湘义编写,单元 2 由张静、刘亚娟编写,单元 3 由王琦、张贝贝编写,单元 4、5 由张宁编写,单元 6 由许洪明、杨孝禹编写,最后由张宁统稿。

　　为了方便教学,本书还配有电子课件等教学资源包,任课教师和学生可以登录"我们爱读书"网站免费注册并浏览,或者发邮件至 husttujian@163.com 索取。

　　本书在编写过程中,参考和引用了大量文献资料,在此向相关作者表示衷心感谢。由于编者水平有限,书中难免存在不足和疏漏之处,敬请读者批评指正。

编　者

2018 年 4 月

目录

单 元 1

AutoCAD 基础知识

单元导读

　　本单元简单介绍了 AutoCAD 2015 的新增功能,启动和退出 AutoCAD 的方法;详细讲解了 AutoCAD 2015 工作界面的各个组成部分及其功能,新建、打开和关闭文件的方法。本单元还介绍了绘图界限、单位设置、图层设置、视图的显示控制、选择对象和对象捕捉等方法。这部分内容可以使初学者很好地认识 AutoCAD 的基本功能,快速掌握其操作方法,对于快速绘图起到一定的铺垫作用。

任务 1 CAD 技术与 AutoCAD 的发展

计算机辅助设计(CAD,computer aided design)的概念和内涵是随着计算机、网络、信息、人工智能等技术或理论的进步而不断发展的。CAD 技术以计算机、外围设备及其系统软件为基础,包括二维绘图设计、三维几何造型设计、优化设计、仿真模拟及产品数据管理等内容,该技术正逐渐向标准化、智能化、可视化、集成化、网络化方向发展。

20 世纪 60—70 年代提出并发展了计算机图形学、交互技术、分层存储符号的数据结构等新思想,为 CAD 技术的发展和应用打下了理论基础。

20 世纪 80 年代图形系统和 CAD/CAM 工作站的销售量与日俱增,美国实际安装 CAD 系统至 1988 年发展到 63 000 套。CAD/CAM 技术从大中企业向小企业扩展,从发达国家向发展中国家扩展,从用于产品设计发展到用于工程设计和工艺设计。

20 世纪 90 年代由于微机加视窗 Windows 95/98/NT 操作系统与工作站加 Unix 操作系统在以太网的环境下构成了 CAD 系统的主流工作平台,因此现在的 CAD 技术和系统都具有良好的开放性。图形接口、图形功能日趋标准化。21 世纪初是 CAD 软件重新洗牌、重新整合的阶段。近些年里,CATIA、UG 等软件公司合并,以及 AutoCAD 等软件在原来以二维绘图为主的基础上,逐渐完善、开发了三维功能。随着 Internet 技术的广泛应用,以及协同设计、虚拟制造等技术的发展,要求一个完善的 CAD 软件必须能够满足现代设计人员的各种要求,如 CAD 与 CAM 的集成、无缝连接及较强的装配功能、渲染、仿真、检测功能。

在 CAD 系统中,综合应用文本、图形、图像、语音等多媒体技术和人工智能、专家系统等技术,大大提高了自动化设计的程度,出现了智能 CAD 新学科。智能 CAD 把工程数据库及其管理系统、知识库及其专家系统、拟人化用户接口管理系统集于一体,形成了完美的 CAD 系统结构。

CAD 的三维模型有三种,即线框、曲面和实体。早期的 CAD 系统往往分别对待以上三种造型,而当前的高级三维软件,例如 CATIA、UG、Pro/Engineer 等则是将三者有机结合起来,形成一个整体,在建立产品几何模型时兼用线、面、体三种设计手段。其所有的几何造型享有公共的数据库,造型方法间可互相替换,而不需要进行数据交换。

AutoCAD 是由美国 Autodesk 公司开发的通用计算机辅助设计软件,是目前世界上应用最广的 CAD 软件。随着时间的推移和软件的不断完善,AutoCAD 已由原先的侧重于二维绘图技术,发展到二维、三维绘图技术兼备,且具有网上设计的多功能 CAD 软件系统。AutoCAD 具有良好的用户界面,通过交互菜单或命令行方式便可以进行各种操作。三维实体 CAD 技术的代表软件有 CATIA、Pro/Engineer、UG、SolidWorks、CAXA 等。

AutoCAD 2015 集平面作图、三维造型、数据库管理、渲染着色、互联网等功能于一体,具有高效、快捷、精确、简单、易用等特点,是工程设计人员首选的绘图软件之一。AutoCAD 2015 主要应用于建筑制图、机械制图、园林设计、城市规划、电子、冶金和服装设计等诸多领域。

任务 2 AutoCAD 2015 的安装

AutoCAD 2015 不支持 Windows XP 系统,无法在 Windows XP 下解压安装(首先要保证电脑系统日期正确,才能正常激活 AutoCAD 2015)。

特别注意:对于 Windows 7/8 系统,请以管理员方式运行安装(即安装程序时选择以管理员身份运行)。安装需要 2 GB 内存,30 GB 以上 NTFS 硬盘空间,系统盘即 C 盘需要 20 GB 以上 NTFS 剩余空间,做临时安装空间。

(1)安装和激活整个过程中需要关掉 360 等一切杀毒软件及 Windows 防火墙,并且一定要断开网络。

图 1-1　选择目标文件夹

(2)单击安装文件(setup. exe),解压到系统提示的目标文件夹,单击"确定"按钮(见图 1-1)。

(3)单击"在此计算机上安装"选项,如图 1-2 所示。

图 1-2　AutoCAD 2015 安装界面

（4）接受许可，如图 1-3 所示。

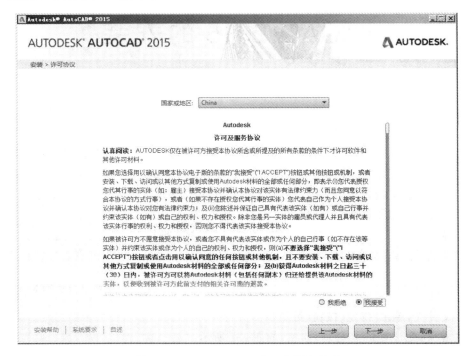

图 1-3 AutoCAD 2015 许可及服务协议

（5）输入产品序列号和产品密钥，再单击"下一步"按钮。

图 1-4 输入产品序列号和产品密钥

（6）如图 1-5 所示，保持默认安装路径，单击"安装"按钮。

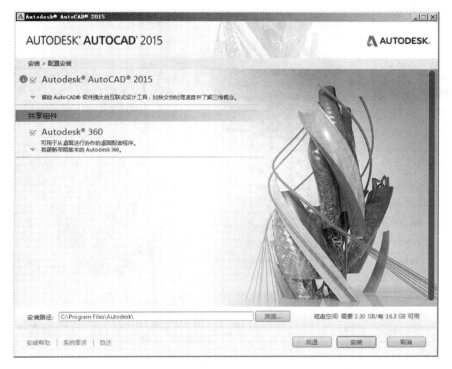

图 1-5　默认安装路径

（7）系统开始安装，如图 1-6 所示。

图 1-6　正在安装中

（8）如图 1-7 所示，安装结束，重启系统（一定要），同时保持网络断开和关掉一切杀毒软件。

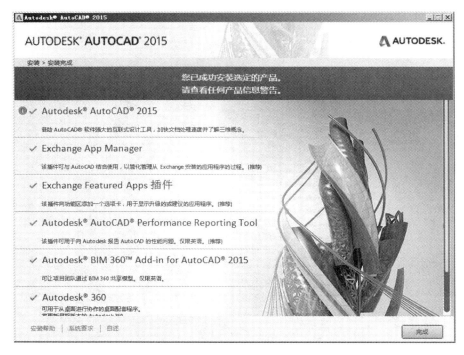

图 1-7　安装结束

（9）运行软件，勾选许可，单击"我同意"按钮，如图 1-8 所示。

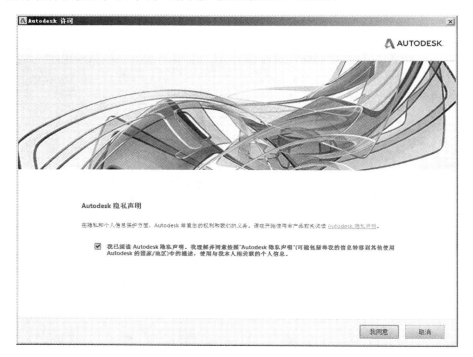

图 1-8　Autodesk 隐私声明

（10）在图1-9所示界面单击"激活"按钮。

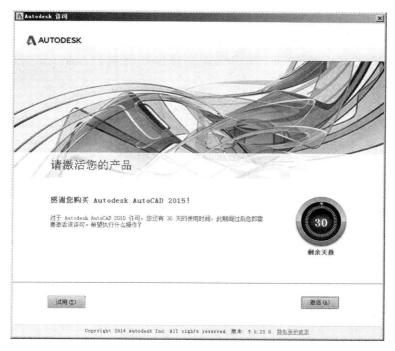

图1-9 Autodesk **激活提示**

（11）如图1-10所示，选择"使用脱机方法申请激活码"，再单击"下一步"按钮。

图1-10 选择 Autodesk **脱机申请激活码**

（12）在图1-11所示界面单击"关闭"按钮，然后会启动 AutoCAD 2015（见图1-12），启动好后关闭 AutoCAD 2015。

图 1-11 Autodesk 脱机激活申请信息

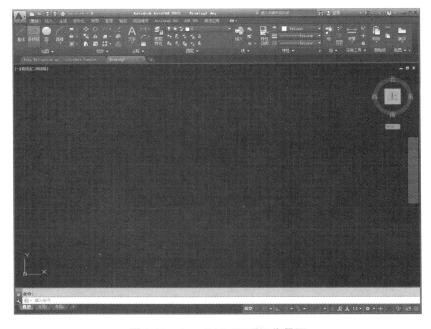

图 1-12 AutoCAD 2015 **工作界面**

（13）再次运行软件，单击"激活"按钮，如图1-13所示。

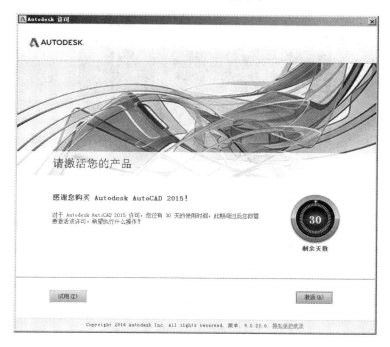

图1-13 Autodesk 激活界面

（14）如图1-14所示，复制"申请号"，并选择"我具有Autodesk提供的激活码"选项。

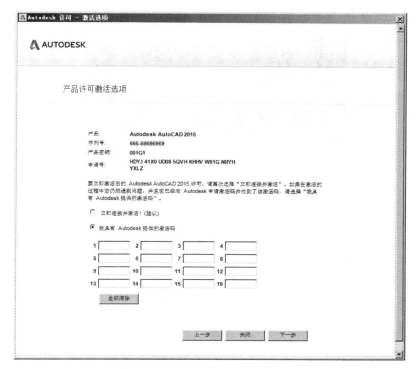

图1-14 选择"我具有 Autodesk 提供的激活码"

（15）对于 Windows 7/8，以管理员身份运行注册机，如图 1-15 所示，将申请号复制到 Request 中，单击"Generate"按钮，再单击"Patch"按钮（一定要）。

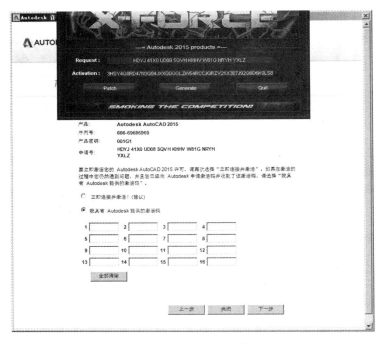

图 1-15　运行 Autodesk 注册机

系统提示 patch 成功，如图 1-16 所示。

图 1-16　Autodesk 注册机 patch 成功

（16）如图 1-17 所示，将注册机上 Activation 的激活码复制到软件对话框的激活码输入框中，单击"下一步"按钮以激活，如果提示激活码错误，可单击"上一步"按钮，再单击"下一步"按钮。

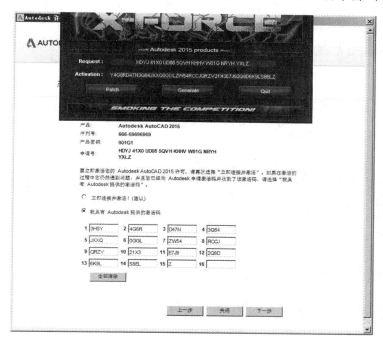

图 1-17 复制，填入激活码

（17）如图 1-18 所示，成功激活，单击"完成"按钮。

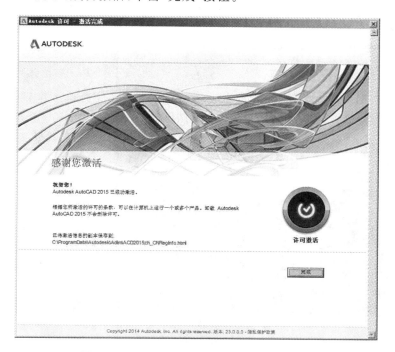

图 1-18 Autodesk AutoCAD 2015 激活完成

（18）如图 1-19 所示，激活完成，可使用了。

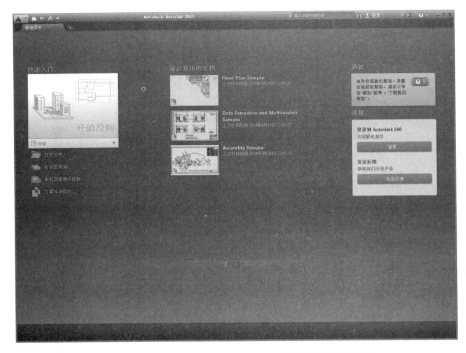

图 1-19 Autodesk AutoCAD 2015 激活完成，可使用

任务 3 AutoCAD 2015 工作界面简介

在启动 AutoCAD 2015 后，就进入图 1-20 所示的 AutoCAD 经典工作界面，此界面包括标题栏、工具栏、下拉菜单、模型空间及坐标图标、绘图区、命令行窗口和状态栏等部分。

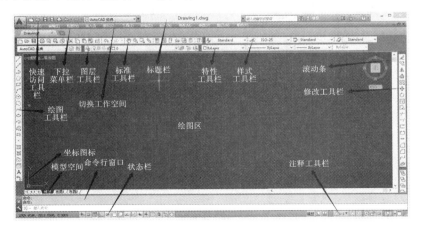

图 1-20 AutoCAD 2015 工作界面

1. 快速访问工具栏

快速访问工具栏（见图 1-21）位于 AutoCAD 2015 工作界面的最顶端，用于显示常用工具，包括新建、打开、保存、放弃和重做等按钮。可以向快速访问工具栏添加无限多的工具，超出工具栏最大长度范围的工具会以弹出按钮形式来显示。

图 1-21　快速访问工具栏

2. 下拉菜单栏

下拉菜单栏包括文件、编辑、视图、插入、格式、工具、绘图、标注、修改、参数、窗口和帮助等11 个主菜单项（见图 1-22），每个主菜单下又包括子菜单。在展开的子菜单中存在一些带有"…"省略号的菜单命令，表示如果选择该命令，将弹出一个相应的对话框；有的菜单命令右端有一个黑色小三角▶，表示选择菜单命令能够打开级联菜单；菜单项右边有 Ctrl＋? 组合键的，表示键盘快捷键，可以直接按下快捷键执行相应的命令，比如同时按下 Ctrl＋N 键能够弹出"创建新图形"对话框。

| 文件(F) | 编辑(E) | 视图(V) | 插入(I) | 格式(O) | 工具(T) | 绘图(D) | 标注(N) | 修改(M) | 参数(P) | 窗口(W) | 帮助(H) |

图 1-22　下拉菜单栏

3. 工具栏

AutoCAD 2015 在界面中的工具栏是一组图标型工具的组合，用户可以通过图标方便地选择相应的命令进行操作。把光标移动到某个图标上，停留片刻即在图标旁会显示相应的工具提示，同时在状态栏中显示出命令名和功能说明。

默认情况下，可以看到绘图区顶部由上至下依次为标准、图层、样式和特性工具栏，如图 1-23 所示。位于绘图区左侧的绘图工具栏和位于绘图区右侧的修改工具栏，如图 1-24 所示。

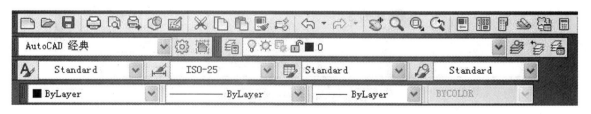

图 1-23　标准、图层、样式和特性工具栏

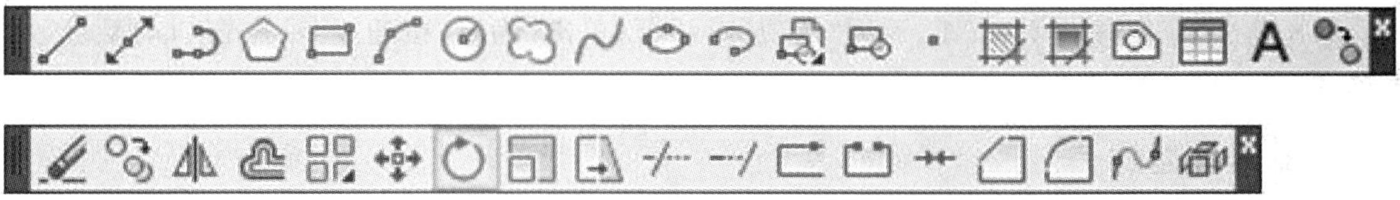

图 1-24　绘图工具栏和修改工具栏

4．绘图区

位于屏幕中间的整个白色区域是 AutoCAD 2015 的绘图区，也称为工作区域。默认设置下的工作区域是一个无限大的区域，可以按照图形的实际尺寸在绘图区内任意绘制各种图形。

改变绘图区颜色的方法如下。

（1）单击下拉菜单栏中的"工具"｜"选项"命令，弹出"选项"对话框。

（2）选择"显示"选项卡，单击"窗口元素"组合框中的"颜色"按钮，弹出"图形窗口颜色"对话框，如图 1-25 所示。

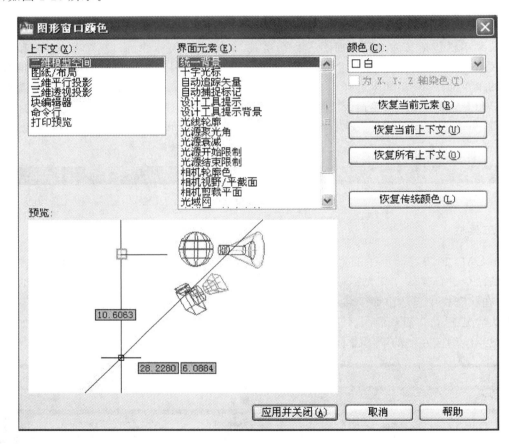

图 1-25　图形窗口颜色设置

（3）在"界面元素"下拉列表中选择要改变的界面元素，可改变任意界面元素的颜色，默认为"统一背景"；单击"颜色"下拉列表框，在展开的列表中选择"黑"。

（4）单击"应用并关闭"按钮，返回"选项"对话框；单击"确定"按钮，将绘图窗口的颜色改为黑色，结果如图 1-26 所示。

5．命令行窗口

命令行窗口是输入命令名和显示命令提示的区域，默认的命令窗口布置在绘图区下方。

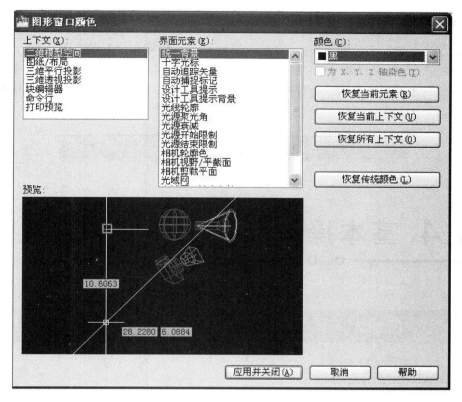

图 1-26　图形窗口颜色更改效果

AutoCAD 通过命令行的窗口反馈各种信息,如输入命令后的提示信息,包括错误信息、命令选项及其提示信息等。因此,应时刻关注在命令行窗口中出现的信息。

可以使用文本窗口的形式来显示命令行窗口。按 F2 键弹出 AutoCAD 的文本窗口,可以使用文本编辑的方法进行编辑,如图 1-27 所示。

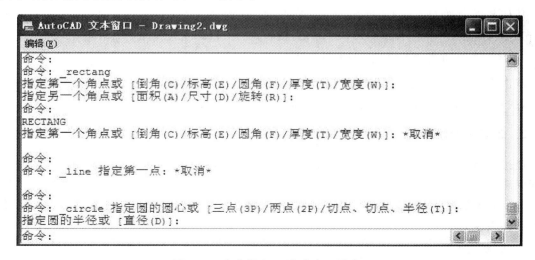

图 1-27　命令行窗口(文本窗口形式)

6. 状态栏

状态栏位于工作界面的最底部,左端显示当前十字光标所在位置的三维坐标,右端依次显示捕捉、栅格、正交、极轴、对象捕捉、对象追踪、DUCS、动态输入、线宽和快捷特性等辅助绘图工具按钮。按钮处于凹下状态,表示该按钮处于打开状态,再次单击该按钮,可关闭相应按钮。

键盘上的功能键 F1～F11 也可以作为辅助绘图工具按钮的开关。

图 1-28　状态栏

任务 4　基本操作和绘图环境的设置

一、AutoCAD 2015 的启动与退出

1. AutoCAD 2015 的启动

启动 AutoCAD 2015 有很多种方法,这里只介绍常用的 3 种方法。

1）通过桌面快捷方式

最简单的方法是直接用鼠标双击桌面上的 AutoCAD 2015 快捷方式图标,即可启动 AutoCAD 2015,进入 AutoCAD 2015 工作界面。

2）通过"开始"菜单

从任务栏中选择"开始"菜单,然后单击"所有程序"|"Autodesk"|"AutoCAD 2015 — Simplified Chinese"中的 AutoCAD 2015 的可执行文件"acad. exe",打开 AutoCAD 2015。

3）通过文件目录启动 AutoCAD 2015

双击桌面上的"我的电脑"快捷方式,打开"我的电脑"对话框,通过 AutoCAD 2015 的安装路径,找到 AutoCAD 2015 的可执行文件,单击打开 AutoCAD 2015。

2. 自定义初始设置

通过初始设置,可以在首次启动 AutoCAD 2015 时执行某些基本自定义操作。可以响应一系列问题,这些问题用于收集有关 AutoCAD 中的特定功能和设置的信息。可以指定描述用户从事工作所属的行业,将基于任务的工具添加到默认工作空间,并指定要在创建新图形时使用的图形样板。

1）安装完成 AutoCAD

首次启动时显示初始设置,系统会提示用户选择一个行业列表。选择表中列出的行业之一,该行业应最接近所创建图形的工作类型。AutoCAD 中的以下功能和设置及初始设置受所选行业影响。

2)初始设置

用于为新图形确定与 AutoCAD 随附的默认样板相比,可能更适用于用户所属行业的图形样板文件。

首次打开的 AutoCAD 工作界面如图 1-29 所示。

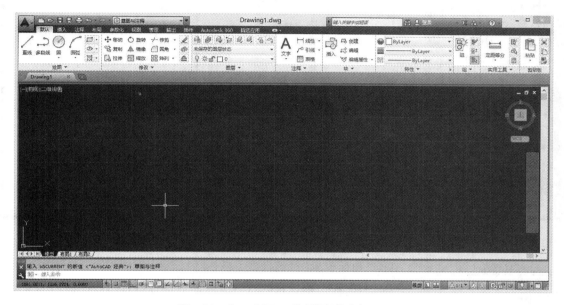

图 1-29　AutoCAD 工作界面(首次打开)

3)新建图形

在初始设置中,可以指定创建新图形时要使用的默认图形样板。单击快速访问工具栏中的"新建"按钮,如图 1-30 所示。

图 1-30　单击"新建"按钮

打开"选择样板"对话框,初始设置具有图 1-31 所示图形样板选项。

图中"acadiso.dwt"为默认图形样板。一般都使用默认情况下安装的公制图形样板。还可以使用在初始设置中选择的行业关联的图形样板,英制或公制测量类型皆可。

还可以使用本地驱动器或网络驱动器上提供的现有图形样板。

4)更改工作空间

单击左上角"切换工作空间"状态栏,打开快捷菜单,如图 1-32 所示。单击"AutoCAD 经典",系统打开新的工作空间。

5)更改初始设置

更改通过初始设置所做的设置的步骤如下:

(1)单击下拉菜单栏中的"工具"|"选项",弹出"选项"对话框。

(2)在"选项"对话框的"用户系统配置"选项卡中,单击"初始设置"按钮,弹出"AutoCAD

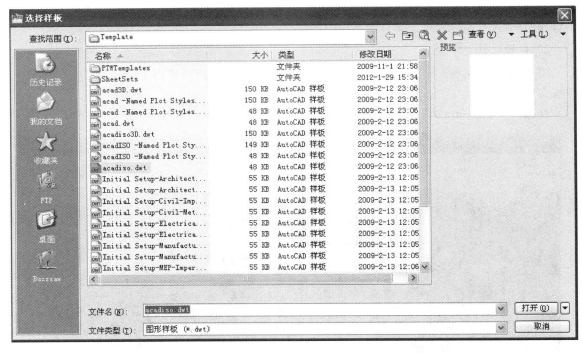

图 1-31 "选择样板"对话框

图 1-32 切换工作空间

2015-初始设置"对话框。

（3）在初始设置的"行业"页面中，指定可最好地描述用户从事的工作所属的行业。单击"下一页"按钮。

（4）在"优化工作空间"页面上，选择要显示在默认工作空间中的基于任务工具。单击"下一页"按钮。

（5）在"指定图形样板文件"页面上，选择创建图形时要使用的图形样板文件。单击"完成"按钮，返回"选项"对话框。

（6）在"选项"对话框中，单击"确定"按钮。

2. AutoCAD 2015 的退出

退出 AutoCAD 2015 操作系统有很多种方法，下面介绍常用的 4 种：

（1）单击 AutoCAD 2015 工作界面右上角的"关闭"按钮，退出 AutoCAD 2015 系统。

（2）单击"应用程序"按钮，选择"退出 AutoCAD"按钮，退出 AutoCAD 系统。

（3）按 Alt＋F4 组合键，退出 AutoCAD 系统。

（4）在命令行窗口中输入 QUIT 或 EXIT 命令后按回车键。

> **注意**：如果图形修改后尚未保存，则退出之前会出现系统警告对话框。单击"是"按钮，系统将保存文件后退出；单击"否"按钮，系统将不保存文件；单击"取消"按钮，系统将取消执行命令，返回到原 AutoCAD 2015 工作界面。

二、图形文件的管理

1．新建文件

创建新的图形文件有以下 3 种方法。

（1）单击下拉菜单栏中的"文件"|"新建"命令。

（2）单击快速访问工具栏中的"新建"按钮。

（3）在命令行窗口中输入 NEW。

2．打开文件

打开已有图形文件有以下 3 种方法。

（1）单击下拉菜单栏中的"文件"|"打开"命令。

（2）单击快速访问工具栏中的"打开"按钮。

（3）在命令行窗口中输入 OPEN。

执行该命令后，将弹出图 1-33 所示的"选择文件"对话框。如果在文件列表中同时选择多个文件，单击"打开"按钮，可以同时打开多个图形文件。

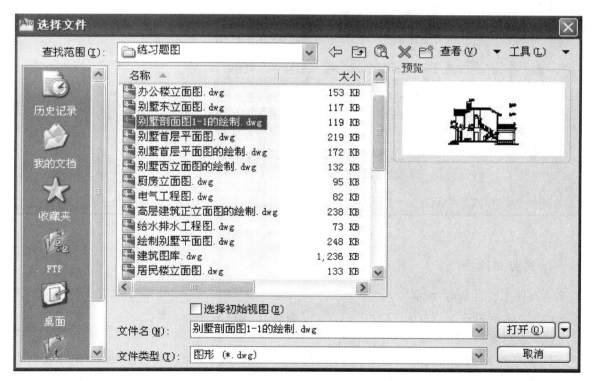

图 1-33　"选择文件"对话框

3. 保存文件

保存图形文件的方法如下。

（1）单击下拉菜单栏中的"文件"|"保存"命令。

（2）单击快速访问工具栏中的"保存"按钮。

（3）在命令行窗口中输入 SAVE。

执行该命令后,如果文件已命名,则 AutoCAD 自动保存;如果文件未命名,是第一次保存,系统将弹出图 1-34 所示的"图形另存为"对话框。可以在"保存于"下拉列表框中选择文件夹和盘符,在文件列表框中选择文件的保存目录,在"文件名"文本框中输入文件名,并从"文件类型"下拉列表中选择保存文件的类型,设置完成后单击"保存"按钮。

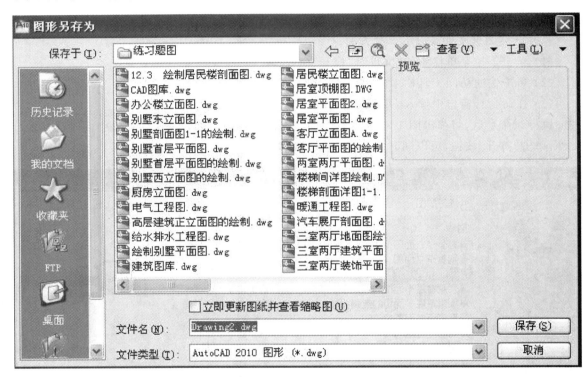

图 1-34 "图形另存为"对话框

4. 另存文件

另存图形文件的方法如下。

（1）单击下拉菜单栏中的"文件"|"另存为"命令。

（2）在命令行窗口中输入 SAVEAS。

执行该命令后,系统将弹出图 1-34 所示的"图形另存为"对话框。可以在"保存于"下拉列表框中选择文件夹和盘符,在文件列表框中选择文件的保存目录,在"文件名"文本框中输入文件名,并从"文件类型"下拉列表中选择保存文件的类型,设置好后,单击"保存"按钮。

AutoCAD 2015用"另存为"保存,可以为当前图形文件更名。

三、AutoCAD 绘图常用工具

AutoCAD 的各种操作命令,包括绘图命令的输入方法有 4 种。最常用的是工具栏快捷按钮输入法,其次是菜单输入法,喜欢使用键盘的则可以采用命令行输入法和快捷键输入法,在输入命令时大写或小写均可。

某个命令需要重复执行时,可以直接按回车键、空格键或单击鼠标右键来重复上一个命令;当某个命令需要中断时,直接按 Esc 键即可退出命令执行状态。

下面简单介绍绘图工具栏、修改工具栏和对象捕捉工具栏的命令及其功能,具体使用方法在项目实施中具体展开。

1. 绘图工具栏

在绘图工作界面中,系统默认的绘图工具栏位置是左边线,也可定义在右边线或顶部工具栏区,或用鼠标左键单击并拖动到绘图窗口的任意位置。绘图工具栏中列出了大部分常用绘图命令,可以满足二维平面图的绘图需求。如果需要使用其他绘图命令,可以单击下拉菜单栏中的"绘图",在下拉菜单中选取。绘图工具栏中主要命令内容如表 1-1 所示。

表 1-1　绘图工具栏主要命令详表

图　标	命　令	命令行英文输入	图　标	命　令	命令行英文输入
	直线	LINE		椭圆弧	ELLIPSE
	构造线	XLINE		插入块	INSERT
	多段线	PLINE		创建块	BLOCK
	多边形	POLYGON		点	POINT
	矩形	RECTANG		图案填充	BHATCH
	圆弧	ARC		渐变色	GRADIENT
	圆	CIRCLE		面域	REGION
	样条曲线	SPLINE		表格	TABLE
	椭圆	ELLIPSE		多行文字	MTEXT

2. 修改工具栏

在绘图工作界面中,系统默认的修改工具栏位置是右边线,也可定义在左边线或顶部工具栏区,或用鼠标左键单击并拖动到绘图窗口的任意位置。修改工具栏中列出了大部分常用修改命令,如果需要使用其他修改命令,可以单击下拉菜单栏中的"修改",在下拉菜单中选取。修改工具栏中主要命令内容如表 1-2 所示。

表1-2　修改工具栏主要命令及功能详表

图　　标	命　　令	命令行英文输入	功　　　　　能
	删除	ERASE	删除不需要的对象
	复制	COPY	创建与原有对象相同的图形
	镜像	MIRROR	实现对象的对称复制
	偏移	OFFSET	对指定对象进行偏移复制
	阵列	ARRAY	复制多重命令
	移动	MOVE	将对象以指定的角度和方向移动
	旋转	ROTATE	将所选单个或一组对象在不改变大小的情况下,绕指定基点旋转一个角度
	缩放	SCALE	按比例增大或缩小对象
	拉伸	STRETCH	以交叉窗口或交叉多边形选择要拉伸的对象
	修剪	TRIM	以某一对象为剪切边修剪其他对象
	延伸	EXTEND	延长指定对象与另一对象相交或外观相交
	打断	BREAK	部分删除对象或把对象分解成两部分
	合并	JION	将相似的对象合并成为一个对象
	倒角	CHAMFER	修改对象使其以平角相接
	圆角	FILLET	与对象相切且用指定半径的圆弧连接两个对象
	分解	EXPLODE	可以将矩形、块等由多个对象组成的组合对象分解为单个成员,以便进行编辑

3．对象捕捉工具

在绘制图形时,可以使用直角坐标和极坐标精确定位点,但是对于所需要找到的如端点、交点、中心点等的坐标是未知的,要想精确地找到这些点是很难的。利用 AutoCAD 2015 提供的精确定位工具,可以很容易地在屏幕上捕捉到这些点,从而进行精确、快速的绘图。

1）栅格

屏幕上的栅格由规则的点矩阵组成,延伸到整个图形界限内。使用栅格与在坐标纸上绘图十分相似,利用栅格可以对齐对象并且直观地显示对象之间的距离,还能够根据需要调整栅格间距。

使用栅格的方法：

(1) 单击状态栏中的"栅格"按钮打开,再次单击"栅格"按钮关闭。

(2) 按 F7 功能键可以打开或关闭。

(3) 单击下拉菜单"工具"|"草图设置",打开"草图设置"对话框,如图1-35所示。

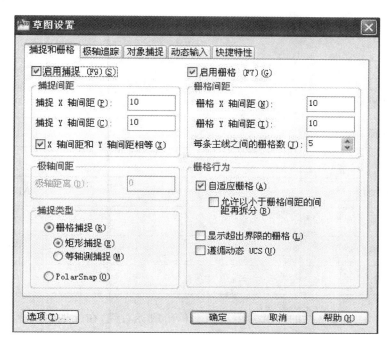

图 1-35 栅格的设置

> 说明：如果栅格间距设置过小，在屏幕上不能显示出栅格点，文本窗口中显示"栅格太密，无法显示"。

2）对象捕捉

AutoCAD 2015 提供了多种对象捕捉类型，使用对象捕捉方式，可以快速准确地捕捉到实体，从而提高工作效率。

对象捕捉是一种特殊点的输入方法，该操作不能单独进行，只有在执行某个命令需要指定点时才能调用。在 AutoCAD 2015 中，系统提供的对象捕捉类型见表 1-3。

表 1-3 AutoCAD 对象捕捉方式

捕 捉 类 型	表 示 方 式	命 令 方 式
端点捕捉	□	END
中点捕捉	△	MID
圆心捕捉	○	CEN
节点捕捉	⊠	NOD
象限点捕捉	◇	QUA
交点捕捉	×	INT
延伸捕捉	▬ ▢	EXT

续表

捕 捉 类 型	表 示 方 式	命 令 方 式
插入点捕捉	🖰	INS
垂足捕捉	⊥	PER
切点捕捉	⊙	TAN
最近点捕捉	⊠	NEA
外观交点捕捉	⊠	APPINT
平行捕捉	∥	PAR
临时追踪点捕捉	⊶	TT
自捕捉	⌐	FRO

在 AutoCAD 窗口工具栏的任意命令按钮上单击鼠标右键,在出现的快捷菜单中选择"对象捕捉"的某个选项即可。

启用对象捕捉方式的常用方法有:

(1) 打开对象捕捉工具栏,在工具栏中选择相应的捕捉方式即可,如图 1-36 所示。

(2) 在命令行窗口中直接输入所需对象捕捉命令的英文缩写。

(3) 在状态栏上右键单击对象捕捉按钮,打开快捷菜单进行选择,如图 1-37 所示。

图 1-36　对象捕捉工具栏

图 1-37　对象捕捉快捷菜单

以上自动捕捉设置方式可同时设置一种以上捕捉模式,当不止一种模式启用时,AutoCAD 会根据其对象类型来选用模式。如在捕捉框中不止一个对象,且它们相交,则交点模式优先。圆心、交点、端点模式是绘图中非常有用的组合,该组合可找到用户所需的大多数捕捉点。

四、绘图界限设置

1. 设置绘图界限

在 AutoCAD 2015 中绘图,一般按照 1:1 的比例绘制。绘图界限可以控制绘图的范围,相当于手工绘图时图纸的大小。设置图形界限还可以控制栅格点的显示范围,栅格点在设置的图形界限范围内显示。

2. 设置实例

以 A3 图纸为例,假设绘图比例为 1:100,设置绘图界限的操作如下。单击下拉菜单栏中的"格式"|"图形界限"命令,或者在命令行窗口中输入 LIMITS 命令,命令行提示如下。

```
命令:'_limits
重新设置模型空间界限:
指定左下角点或[开(ON)/关(OFF)]<0.0000,0.0000>:
                                          //回车,设置左下角点为系统默认的原点位置
指定右上角点<420.0000,297.0000>:42000,29700       //输入右上角点坐标
```

> 说明:提示中的[开(ON)/关(OFF)]选项的功能是控制是否打开图形界限检查。选择"ON"时,系统打开图形界限的检查功能,只能在设定的图形界限内画图,系统拒绝输入图形界限外部的点。系统默认设置为"OFF",此时关闭图形界限的检查功能,允许输入图形界限外部的点。

```
命令:ZOOM                                         //输入缩放命令
指定窗口的角点,输入比例因子(nX 或 nXP),或者
[全部(A)/中心(C)/动态(D)/范围(E)/上一个(P)/比例(S)/窗口(W)/对象(O)]<实时>:A
                                                  //输入 A(全部)选项
正在重新生成模型。                                 //完成全图缩放
```

五、设置绘图单位

在绘图时应先设置图形的单位,即图上一个单位所代表的实际距离,设置方法如下。

单击下拉菜单栏中的"格式"|"单位"命令,或者在命令行窗口中输入 UNITS 或 UN,弹出"图形单位"对话框,如图 1-38 所示。

1. 设置长度单位及精度

在"长度"选项区域中,可以从"类型"下拉列表框提供的 5 个选项中选择一种长度单位,还可以根据绘图的需要从"精度"下拉列表框中选择一种合适的精度。

图 1-38　设置绘图单位

2．角度的类型、方向及精度

在"角度"选项区域中，可以在"类型"下拉列表框中选择一种合适的角度单位，并根据绘图的需要在"精度"下拉列表框中选择一种合适的精度。"顺时针"复选框用来确定角度的正方向，当该复选框没有选中时，系统默认角度的正方向为逆时针；当该复选框选中时，表示以顺时针方向作为角度的正方向。

图 1-39　角度设置

单击"方向"按钮，将弹出"方向控制"对话框，如图1-39所示。该对话框用来设置角度的 0 度方向，默认以正东的方向为 0 度角。

3．设置插入时的缩放单位

如果块或图形创建时使用的单位与该选项（"用于缩放插入内容的单位"）指定的单位不同，则在插入这些块或图形时，将对其按比例缩放。插入比例是源块或图形使用的单位与目标图形使用的单位之比。如果插入块时不按指定单位缩放，应选择"无单位"。

六、图层设置

图层是 AutoCAD 2015 用来组织图形的重要工具之一，用来分类组织不同的图形信息。AutoCAD 2015 的图层可以被想象为一张透明的图纸，每一图层绘制一类图形，可以指定在该层上绘图用的线型、线宽和颜色，所有的图纸层叠在一起，就组成了一个 AutoCAD 的完整图形。

1. 图层的特点

图层具有如下特点：

（1）每个图层对应一个图层名。其中系统默认设置的图层是"0"层，该图层不能删除。其余图层可以单击"图层特性管理器"中新建图层按钮 建立，数量不限。

（2）各图层具有相同的坐标系，每一图层对应一种颜色、一种线型、一种线宽。

（3）当前图层只有一个，且只能在当前图层绘制图形。

（4）图层具有打开、关闭、冻结、解冻、锁定和解锁等特征。

2. "图层特性管理器"对话框

1）打开"图层特性管理器"对话框

单击下拉菜单栏中的"格式"｜"图层"，弹出"图层特性管理器"对话框，如图1-40所示。

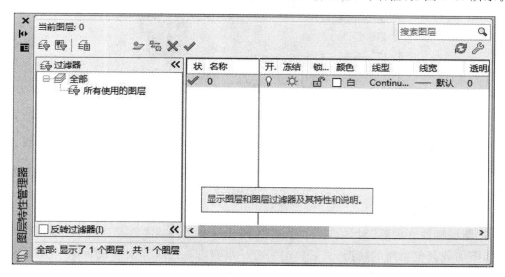

图1-40 "图层特性管理器"对话框

2）打开｜关闭按钮

系统默认该按钮处于打开状态，此时该图层上的图形可见。单击打开按钮，将变成关闭状态，此时该图层上的图形不可见，且不能打印或由绘图仪输出；但重生成图形时，图层上的实体仍将重新生成。

3）冻结｜解冻按钮

该按钮也用于控制图层是否可见。当图层被冻结时，该层上的实体不可见且不能输出，也不能进行重生成、消隐和渲染等操作，可明显提高许多操作的处理速度；而解冻图层是可见的，可进行上述操作。

4）锁定｜解锁按钮

该按钮控制该图层上的实体是否可修改。锁定图层上的实体不能进行删除、复制等修改操作，但仍可见，且可以绘制新的图形。

5）设置图层颜色

单击颜色图标按钮，可弹出"选择颜色"对话框，如图 1-41 所示，从中选择一种颜色作为图层的颜色。

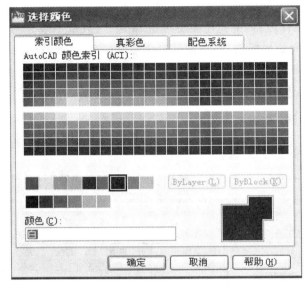

图 1-41   "选择颜色"对话框

注意：一般创建图形时，要采用该图层对应的颜色，应该设置为随层"ByLayer"颜色方式。

6）设置图层线型

单击"图层特性管理器"对话框中的线型"Continuous"，弹出"选择线型"对话框，如图 1-42 所示。如需加载其他类型的线型，只需单击"加载"按钮，即可弹出"加载或重载线型"对话框，从中可以选择各种需要的线型，如图 1-43 所示。选择"CENTER"，单击"确定"按钮，返回"选择线型"对话框，重新选择新线型"CENTER"，再单击"确定"按钮，最终完成新线型的设置。

图 1-42   "选择线型"对话框

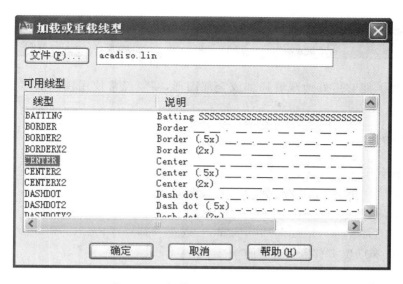

图1-43 "加载或重载线型"对话框

> **注意:**一般创建图形时,要采用该图层对应的线型,称为随层"ByLayer"线型方式。

7) 设置图层线宽

单击线宽图标按钮,弹出"线宽"对话框,从中可以选择该图层合适的线宽,如图1-44所示。

> **注意:**单击下拉菜单栏中的"格式"|"线宽"命令,可弹出"线宽设置"对话框,如图1-45所示。默认线宽为0.25 mm,单击选择新线宽后,再单击"确定"按钮完成设置。

图1-44 "线宽"对话框

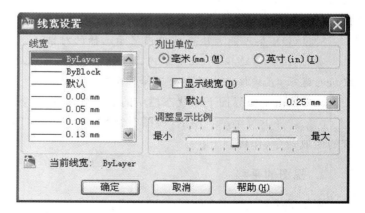

图1-45 "线宽设置"对话框

七、视图的显示控制

在绘图时为了能够更好地观看局部或全部图形,需要经常使用视图的缩放和平移等操作工具。

1. 视图的缩放

视图的缩放有三种输入命令的方式。

(1) 在命令行中输入 ZOOM 或 Z,命令行提示如下。

命令:ZOOM

指定窗口的角点,输入比例因子(nX 或 nXP),或者[全部(A)/中心(C)/动态(D)/范围(E)/上一个(P)/比例(S)/窗口(W)/对象(O)]<实时>:

各选项的功能

全部(A):选择该选项后,显示窗口将在屏幕中间缩放显示整个图形界限的范围。如果当前图形的范围尺寸大于图形界限,将最大范围地显示全部图形。

中心(C):将按照输入的中心坐标来确定显示窗口在整个图形范围中的位置,而显示区范围的大小,则由指定窗口高度来确定。

动态(D):动态缩放,通过构造一个视图框来支持平移视图和缩放视图。

范围(E):可以将所有自己编辑的图形尽可能大地显示在窗口内。

上一个(P):将返回前一视图。当编辑图形时,经常需要对某一小区域进行放大,以便精确设计,完成后返回原来的视图,不一定是全图。

比例(S):按比例缩放视图。比如:在"输入比例因子(nX 或 nXP):"提示下,输入 0.5X,表示将屏幕上的图形缩小为当前尺寸的一半;输入 2X,表示将图形放大为当前尺寸的两倍。

窗口(W):用于尽可能大地显示由两个角点所定义的矩形窗口区域内的图像。此图像为系统默认的选项,可以在输入 ZOOM 命令后,不选择"W"选项,而直接用鼠标在绘图区域内指定窗口以局部放大。

对象(O):尽可能大地在窗口内显示选择的对象。

实时:选择该选项后,在屏幕内上下拖动鼠标,可以连续地放大或缩小图形。此选项为系统默认的选项,直接按回车键即可选择该选项。

(2) 单击工作界面下面状态栏中的缩放按钮,弹出各个视图缩放控制按钮,作用同上。

(3) 选择下拉菜单栏中的"视图"|"缩放"子菜单,打开其级联菜单,如图 1-46 所示,选择相应的缩放命令,作用同上。

2. 视图的平移

视图的平移有 3 种输入命令的方式。

(1) 在命令行窗口中输入 PAN 或 P,此时,光标变成手形光标,按住鼠标左键在绘图区域内上下左右地移动鼠标,即可实现图形的平移。

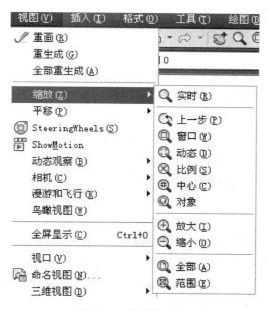

图 1-46　缩放的设置

（2）单击"视图"选项卡"导航"面板中的"视图"按钮，也可输入平移命令。

（3）单击下拉菜单栏中的"视图"|"平移"|"实时"命令，也可输入平移命令。

注意：各种视图的缩放和平移命令在执行过程中均可以按 Esc 键提前结束命令。

任务 5 AutoCAD 2015 新增功能

AutoCAD 2015 与以前的版本相比，改进了用户界面，新增了参数化图形功能，并增强了三维建模、动态块等功能。

1. 改进的用户界面

单击应用程序按钮可快速创建图形、打开现有图形、保存图形、准备带有密码和数字签名的图形、打印图形、发布图形、退出 AutoCAD。可以使用"最近使用的文档"列表查看最近打开过的文件；可以使用"打开文档"列表查看当前处于打开状态的文件。

2. 增强三维建模功能

自由设计提供了多种新的建模技术，这些技术可以帮助用户创建和修改样式时建立更加流畅的三维模型。这些技术包括创建、平滑和优化三维网格，分割和锐化网格，重塑子对象的形状,在三维对象之间转换等。

3.参数化图形

通过参数化图形,用户可以为二维几何图形添加约束。约束是一种规则,可决定对象彼此间的放置位置及其标注。参数化设计也是高级计算机辅助设计软件的发展趋势。

4.增强的动态块

在动态块定义中使用几何约束和标注约束以简化动态块创建。基于约束的控件对于插入取决于用户输入尺寸或部件号的块来说非常理想。

5.移植面板

通过自定义用户界面(CUI)编辑器的"传输"选项卡,可以将在低版本 AutoCAD 中创建的自定义面板转换为功能面板。转换面板后,可以在功能区中修改和显示这些面板。

要在功能区中显示转换的面板,可将生成的新功能区面板添加到新功能区选项卡或现有的功能区选项卡。将功能区面板添加到功能区选项卡之后,需要将该功能区选项卡添加到工作空间,才能在功能区中显示该选项卡。

单元小结

本单元简单介绍了 AutoCAD 2015 的新增功能,启动和退出 AutoCAD 的方法;详细讲解了 AutoCAD 2015 界面的各个组成部分及其功能,新建、打开和关闭文件的方法;说明了数据的几种输入方式;绘图的界限、单位、图层、视图的显示控制,选择对象和对象捕捉等方法。这部分内容可以使初学者很好地认识 AutoCAD 的基本功能,快速掌握其操作方法,对于快速绘图也起到一定的铺垫作用。

 习题

1.思考题

(1) AutoCAD 2015 具有哪些新增功能?

(2) 如何启动和退出 AutoCAD 2015?

(3) AutoCAD 2015 的工作界面由哪几部分组成?

(4) 如何保存 AutoCAD 文件?

(5) 绘图界限有什么作用? 如何设置绘图界限?

(6) 常用的构造选择集操作有哪些?

(7) 精确定位工具"捕捉"和"对象捕捉"有何区别?

(8) 对象捕捉有多少种? 如何激活某种对象捕捉?

(9) 对象捕捉为何不能单独使用?

(10) 图形缩放命令可否改变图形实际尺寸?

2. 将左侧的命令与右侧的功能连接起来

SAVE   打开

OPEN   新建

NEW   保存

LAYER   缩放

LIMITS   图层

UNITS   绘图界限

PAN   平移

ZOOM   绘图单位

3. 选择题

（1）以下哪部分功能是 AutoCAD 2015 的新增功能？（　　　）

    A. 动态块   B. 动态输入   C. 绘制直线功能   D. 尺寸标注功能

（2）以下 AutoCAD 2015 的退出方式中，正确的是（　　　）。

    A. 单击 AutoCAD 2015 工作界面标题栏右边的 ☒ 按钮，退出 AutoCAD 系统

    B. 单击下拉菜单栏中的"文件"|"退出"命令，退出 AutoCAD 系统

    C. 按键盘上的 Alt＋F4 组合键，退出 AutoCAD 系统

    D. 在命令行窗口中键入 QUIT 或 EXIT 命令后敲击回车键

（3）设置图形单位的命令是（　　　）。

    A. SAVE   B. LIMITS   C. UNITS   D. LAYER

（4）在 ZOOM 命令中，E 选项的含义是（　　　）。

    A. 拖动鼠标连续地放大或缩小图形

    B. 尽可能大地在窗口内显示已编辑的图形

    C. 通过两点指定一个矩形窗口以放大图形

    D. 返回前一次视图

（5）处于（　　　）中的图形对象不能被删除。

    A. 锁定的图层   B. 冻结的图层   C. 0 图层   D. 当前图层

（6）坐标值@200,100 属于（　　　）表示方法。

    A. 绝对直角坐标   B. 相对直角坐标   C. 绝对极坐标   D. 相对极坐标

（7）以下说法正确的是（　　　）。

    A. 逆时针角度为正值   B. 顺时针角度为负值

    C. 角度的正负要依据设置   D. 以上说法都不对

（8）要输入绝对坐标值为 5,5 的点，应该输入（　　　）。

    A. @5,5   B. 5,5   C. 5<5   D. ♯5,5

（9）在打开对象捕捉模式下，只可以选择一种对象捕捉模式。（　　　）

    A. 对   B. 错

（10）激活对象追踪时，必须激活对象捕捉。（　　　）

    A. 错   B. 对

单 元 2

AutoCAD 绘图基础

单元导读

　　基本图形元素(直线、圆、圆弧和矩形)的画法是整个绘图的基础。本单元首先介绍一些简单的绘图命令,给出绘制图形的知识重点、操作步骤。通过学习可以掌握基本图形的绘制方法和精确绘图工具的使用方法,了解对象捕捉和极轴的设置与应用;学会利用图层对图形进行管理,根据需要设置各个图层的线型和颜色;掌握删除、修剪、复制、镜像、阵列等修改命令的使用及各个选项的功能;最后根据实例的需要学会多段线和图案填充的应用。

　　本单元所选择的图形实例都是日常工作设计中常见的,根据学习 AutoCAD 2015 和绘制图形的需要,决定内容的取舍,读者只要参照教材编写顺序,一步步进行实际操作,就能够很快地掌握 AutoCAD 2015。

任务 1 AutoCAD 常用命令及其使用方法

1. 直线

直线是图形中最常见，也是比较简单的实体。用户可以通过 AutoCAD 提供的 LINE 命令，绘制一条或多条连续的直线段。

命令格式：

◆命令行：LINE 或 L(回车)。

◆ 菜单：[绘图]→[直线]。

◆ 工具栏：单击绘图工具栏上的"直线"按钮。

操作过程：

（1）命令：LINE(回车)

（2）指定第一个点：   //输入一点作为线段的起点

（3）指定下一点或[放弃(U)]：

（4）指定下一点或[放弃(U)]：

（5）指定下一点或[闭合(C)/放弃(U)]：

> **说明**：在"指定下一点或[放弃(U)]："提示符后键入"U"，回车即可取消刚才画的一段直线，再键入 U，回车，再取消前一段直线，以此类推。在"指定下一点或[闭合(C)/放弃(U)]："提示符后键入"C"，回车，系统会将折线的起点和终点相连，形成一个封闭线框，并自动结束命令。

另外，LINE 命令还有一个附加功能，如果在"指定第一个点："提示符后直接键入回车，系统就认为直线的起点是上一次画的直线或圆弧的终点。若上一次画的是直线，现在画的直线就能和上一次画的直线精确地首尾相接；若上一次画的是圆弧，新画的直线沿圆弧的切线方向画出。

2. 多段线

多段线是 AutoCAD 中常用且功能较强的实体之一，它由一系列首尾相连的直线和圆弧组成，可以具有宽度，并可绘制封闭区域，因此多段线可以替代一些 AutoCAD 实体，如直线、圆弧、实体等。它与直线实体相比有两个方面的优点：灵活，它可直可曲，可宽可窄，可以宽度一致，也可以粗细变化；整条多段线是一个单一实体，便于编辑。由于 PLINE 命令可以画两种基本线段——直线和圆弧，所以，PLINE 命令的一些提示类似于直线和弧线命令的提示。

命令格式：

◆ 命令行：PLINE 或 PL。

◆ 菜单：[绘图]→[多段线]。

◆ 工具栏：单击绘图工具栏上的"多段线"按钮。

操作过程：

（1）命令：PLINE

（2）指定起点：当前线宽为 0.0000

（3）指定下一个点或[圆弧(A)/半宽(H)/长度(L)/放弃(U)/宽度(W)]：

PLINE 命令的操作分为直线方式和圆弧方式两种，初始提示为直线方式。现分别介绍不同方式下各选项的含义。

1）直线方式

系统提示如下。

  指定下一个点或[圆弧(A)/半宽(H)/长度(L)/放弃(U)/宽度(W)]：

其中，各项含义如下。

● 指定下一个点：默认值，直接输入直线端点画直线。

● 圆弧(A)：选此项，转入画圆弧方式。

● 半宽(H)：按宽度线的中心轴线到宽度线的边界的距离定义线宽。

● 长度(L)：用于设定新多段线的长度。如果前一段是直线，延长方向和前一段相同；如果前一段是圆弧，延长方向为前一段的切线方向。

● 放弃(U)：用于取消刚画的一段多段线，重复输入此项，可逐步往前删除。

● 宽度(W)：用于设定多段线的线宽，默认值为 0 。多段线的初始宽度和结束宽度可不同，而且可分段设置，操作灵活。

2）圆弧方式

命令：PLINE

指定起点：当前线宽为 0.0000

指定下一个点或[圆弧(A)/半宽(H)/长度(L)/放弃(U)/宽度(W)]：A

             //键入 A 后，回车，转入绘圆弧方式

指定圆弧的端点（按住 Ctrl 键以切换方向）或

[角度(A)/圆心(CE)/方向(D)/半宽(H)/直线(L)/半径(R)/第二个点(S)/放弃(U)/宽度(W)]：

其中各项的含义如下。

● 指定下一个点：缺省值，新画弧过前一段线的终点，并与前一段线（圆弧或直线）在连接点处相切。

● 角度(A)：提示用户给定夹角。

● 圆心(CE)：提示圆弧中心。

● 方向(D)：提示用户重定切线方向。

● 半宽(H)和宽度(W)：设置多段线的半宽和全宽。

● 直线(L)：切换回直线方式。

● 半径(R)：提示输入圆弧半径。

● 第二个点(S)：选择三点圆弧中的第二个点。

● 放弃(U)：取消上一次选项的操作。

3．样条曲线

样条曲线是通过一系列给定点的光滑曲线,样条曲线可以是 2D 或 3D 图形。AutoCAD 使用的是一种称为非均匀有理 B 样条曲线(NURBS)的特殊曲线,它是真正的样条,而编辑多段线只能生成近似的样条曲线。和拟合样条相比,样条曲线具有更高的精度,占用的内存和磁盘空间也更多。

命令格式:

◆ 命令:SPLINE。

◆ 菜单:[绘图]→[样条曲线]。

◆ 工具栏:单击绘图工具栏上的"样条曲线"按钮。

操作过程:

(1) 命令:SPLINE

(2) 当前设置:方式=拟合   节点=弦

(3) 指定第一个点或[方式(M)/节点(K)/对象(O)]:

4．圆

圆是绘图过程中使用最多的基本图形元素之一,常用来构造柱、轴等。

命令格式:

◆ 命令:CIRCLE 或 C。

◆ 菜单:[绘图]→[圆]。

◆ 工具栏:单击绘图工具栏上的按钮。

1) 用"圆心和半径"方式画圆

若已知圆心和半径,可以用此种方法画圆。具体步骤如下:

```
命令:CIRCLE(回车)
指定圆的圆心[三点(3P)/两点(2P)/切点、切点、半径(T)]:                        //指定圆心
指定圆的半径或[直径(D)]:40
```

2) 用"圆心和直径"方式画圆

若已知圆心和直径,可以用此种方法画圆。具体步骤如下:

```
命令:CIRCLE(回车)
指定圆的圆心或[三点(3P)/两点(2P)/切点、切点、半径(T)]:                        //指定圆心
指定圆的半径或[直径(D)]<10.0000>:D                       //选择输入圆的直径值
指定圆的直径<20.0000>:80
```

3) 用"两点"方式画圆

若已知圆直径的两个端点,则可用此方式画圆。具体步骤如下:

```
命令:CIRCLE(回车)
指定圆的圆心或[三点(3P)/两点(2P)/切点、切点、半径(T)]:2P              //选择两点方式
指定圆直径的第一个端点:                                        //输入点 P1
指定圆直径的第二个端点:                                        //输入点 P2
```

系统将以点 P1 、P2 的连线为直径绘出所需的圆。

4）用"三点"方式画圆

若想通过不在同一直线上的三点画圆，即可使用这种方式。具体步骤如下：

> 命令：CIRCLE
> 指定圆的圆心或［三点(3P)/两点(2P)/切点、切点、半径(T)］：3P   //选择三点方式画圆
> 指定圆上的第一个点：   //输入点 P1
> 指定圆上的第二个点：   //输入点 P2
> 指定圆上的第三个点：   //输入点 P3

5）用"切点，切点，半径"方式画圆

若想画一个与屏幕上的两个现存实体（圆、圆弧、直线等）相切的圆，可采用此方式绘制。具体步骤如下：

> 命令：CIRCLE
> 指定圆的圆心或［三点(3P)/两点(2P)/切点、切点、半径(T)］：T   //选择两个切点、一个半径方式画圆
> 指定对象与圆的第一个切点：   //选择一条直线，确定切点 T1
> 指定对象与圆的第二个切点：   //选择另一条直线，确定切点 T2
> 指定圆的半径：35   //回车

6）用"相切，相切，相切（A）"方式画圆

若想画一个与屏幕上的三个现存实体（圆 、圆弧、直线等）相切的圆，可采用此方式绘制。具体步骤如下：

> 命令：CIRCLE
> 指定圆的圆心或［三点(3P)/两点(2P)/切点、切点、半径(T)］：3P
> 指定圆上的第一个点：_tan 到   //选取第一条直线，确定切点 T1
> 指定圆上的第二个点：_tan 到   //选取第二条直线，确定切点 T2
> 指定圆上的第三个点：_tan 到   //选取第三条直线，确定切点 T3

5. 构造线

> 命令：XLINE
> 指定点或［水平(H)/垂直(V)/角度(A)/二等分(B)/偏移(O)］：

其中，部分选项的含义如下。

● 角度（A）：通过一点绘制与 X 轴正向成指定角度的构造线或与某一条直线成一定角度的构造线。

● 二等分（B）：绘制角平分线。

● 偏移（O）：绘制与指定直线平行的构造线。

6. 正多边形

正多边形是指由三条以上各边长相等的线段构成的封闭实体。正多边形是绘图中经常用到的一种简单图形。AutoCAD 2015 中，用户可以利用此命令方便地绘出所需的正多边形。

命令格式：

◆ 命令：POLYGON。

◆ 菜单：[绘图]→[多边形]。

◆ 工具栏：单击绘图工具栏上的按钮。

任务 2 绘制 A3 幅面样板图

用 AutoCAD 2015 出图时，每次都要确定图幅、绘制边框、绘制标题栏等，对这些重复的设置，我们可以建立样板图，出图时直接调用，以避免重复劳动，提高绘图效率。

这里以常用的标题栏为例，介绍建立 A3（规格 420 mm×297 mm）幅面样板图的方法。建立的样板图结果如图 2-1 所示。

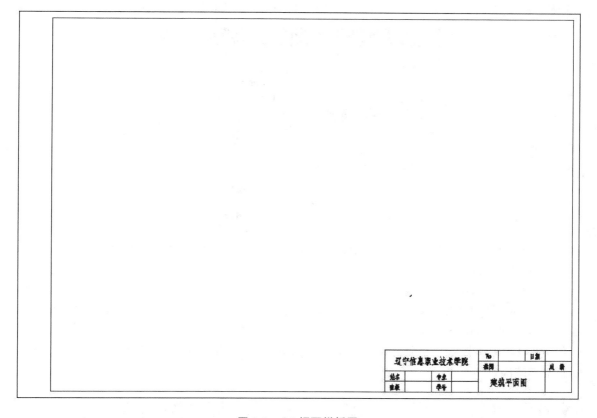

图 2-1　A3 幅面样板图

操作步骤

● 创建新图。

- 设置图层。
- 设置文字样式。
- 设置捕捉样式。
- 绘制图纸边框线和标题栏。
- 输入标题栏内的文字并将其定义成带属性的块。
- 保存样板图。

一、创建新图

(1) 单击下拉菜单栏中的"文件"|"新建"命令,系统将弹出"选择样板"对话框。在文件列表中选择"acadiso.dwt"文件,单击"打开"按钮。

(2) 设置长度单位及精度。单击下拉菜单栏中的"格式"|"单位"命令,弹出"图形单位"对话框,在"长度"选项区域中,可以从"类型"下拉列表框提供的 5 个选项中选择"小数",根据绘图的需要从"精度"下拉列表框中选择一种合适的精度。设置结果如图 2-2 所示。

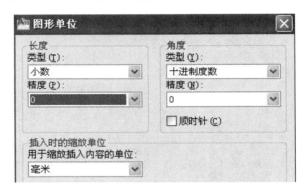

图 2-2 设置长度类型及精度

(3) 设置图幅。单击下拉菜单栏中的"格式"|"图形界限"命令,命令行提示如下:

```
命令:'_limits
重新设置模型空间界限:
指定左下角点或[开(ON)/关(OFF)]<0,0>:              //回车,默认坐标原点
指定右上角点 <420,297>:420,297                     //输入新坐标,回车
```

(4) 显示图形界限。在命令行窗口中输入 ZOOM 命令并回车,选择"全部(A)"选项,显示幅面全部范围。

二、设置图层

单击下拉菜单栏中的"格式"|"图层"命令,弹出"图层特性管理器"对话框,设置图层,结果如图 2-3 所示。

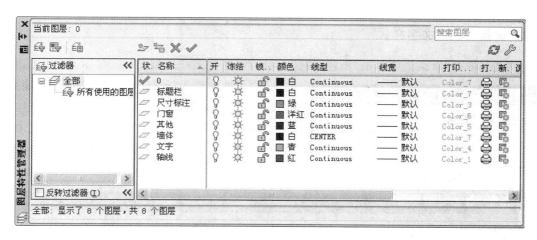

图 2-3　设置图层

三、设置文字样式

这里要建立两个文字样式："汉字"文字样式和"数字"文字样式。"汉字"文字样式采用"仿宋_GB2312"字体,不设定字体高度,宽度因子设为0.8,用于填写工程做法、标题栏、会签栏、门窗列表、设计说明等部分的汉字;"数字"文字样式采用"simplex.shx"字体,宽度因子设为0.8,用于标注尺寸、书写数字及特殊字符等。

■ 操作步骤

单击下拉菜单栏中的"格式"|"文字样式"命令,系统打开"文字样式"对话框,利用该对话框可以新建或者修改当前文字样式,如图2-4所示。

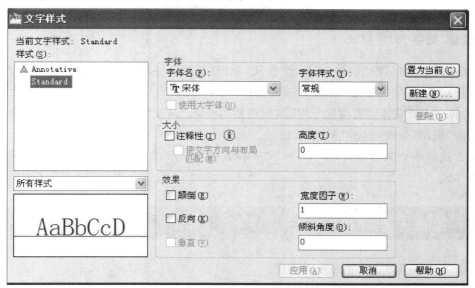

图 2-4　设置文字样式

1. 设置"汉字"文字样式

在"文字样式"对话框中单击"新建"按钮,弹出"新建文字样式"对话框,如图 2-5 所示,在"样式名"文本框中输入新样式名"汉字",单击"确定"按钮,返回"文字样式"对话框。从"字体名"下拉列表框中选择"仿宋_GB2312"字体,"宽度因子"文本框设置为0.8,"高度"文本框保留默认的值 0,如图 2-6 所示,单击"应用"按钮。

图 2-5　"新建文字样式"对话框

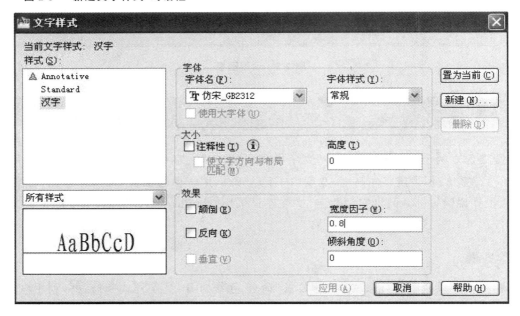

图 2-6　设置"汉字"文字样式

2. 设置"数字"文字样式

在"文字样式"对话框中,单击"新建"按钮,弹出"新建文字样式"对话框,在"样式名"文本框中输入新样式名"数字",单击"确定"按钮,返回"文字样式"对话框。从"字体名"下拉列表框中选择"simplex.shx"字体,"宽度因子"文本框设置为 0.8,"高度"文本框保留默认的值 0,如图 2-7 所示。单击"应用"按钮,单击"关闭"按钮。

这里创建的两个文字样式,即"汉字"文字样式和"数字"文字样式,是建筑工程图中常用的两种文字样式。

四、绘制图框和标题栏

(1)将"标题栏"图层设置为当前图层。

(2)单击下拉菜单栏中的"绘图"|"矩形"命令,命令行提示如下:

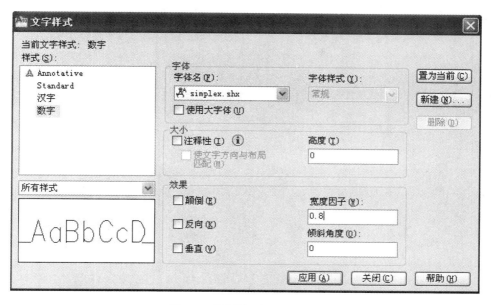

图2-7 设置"数字"文字样式

```
命令：_rectang
指定第一个角点或[倒角(C)/标高(E)/圆角(F)/厚度(T)/宽度(W)]:0,0                    //左下角点
指定另一个角点或[面积(A)/尺寸(D)/旋转(R)]:420,297
                                              //绘制边长为420 mm×297 mm的幅面线
命令：                                        //回车,重复上一次的矩形命令
                                              //两次回车重复RECTANG命令
指定第一个角点或[倒角(C)/标高(E)/圆角(F)/厚度(T)/宽度(W)]:25,5                   //左下角点
指定另一个角点或[面积(A)/尺寸(D)/旋转(R)]:415,292                               //绘制图框线
```

（3）利用直线、偏移和修剪等命令在图框线的右下角绘制标题栏,尺寸如图2-8所示。

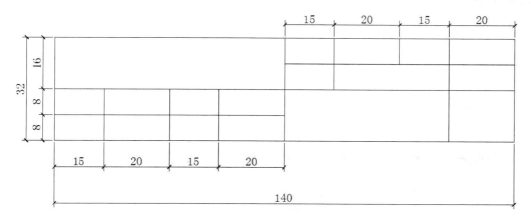

图2-8 标题栏的绘制

绘制完成的图框和标题栏如图2-9所示。

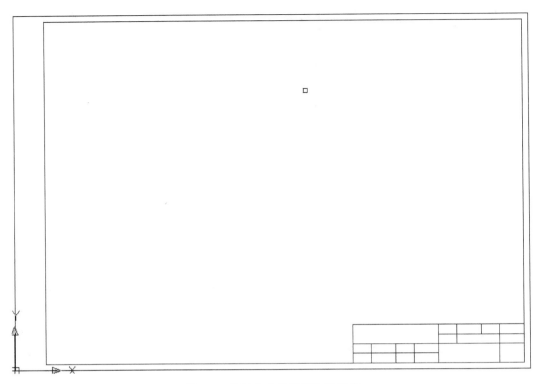

图 2-9　绘制完成的图框和标题栏

五、输入文字

输入标题栏内的文字。

操作步骤

（1）将"汉字"文字样式设置为当前文字样式。

（2）单击下拉菜单栏中的"绘图"|"文字"|"多行文字"命令，命令行提示如下：

命令：_mtext

当前文字样式："汉字"　文字高度：3　注释性：否

指定第一角点：　　　　　　　　　　　　　　　　　　　　//捕捉文字框左上角点

指定对角点或[高度(H)/对正(J)/行距(L)/旋转(R)/样式(S)/宽度(W)/栏(C)]：

　　　　　　　　　　//捕捉文字框左上角点，打开"文字格式"对话栏，如图 2-10 所示

图 2-10　输入文字

（3）选择"汉字"文字样式，输入文字高度4，单击 A·文字对正按钮，选取"正中 MC"，输入文字"姓名"，单击"确定"按钮结束命令。

（4）运用复制命令可以复制"姓名"到其他标题栏位置，然后双击各个文字，依次修改各个文字内容。标题栏文字内容输入结果如图 2-11 所示。

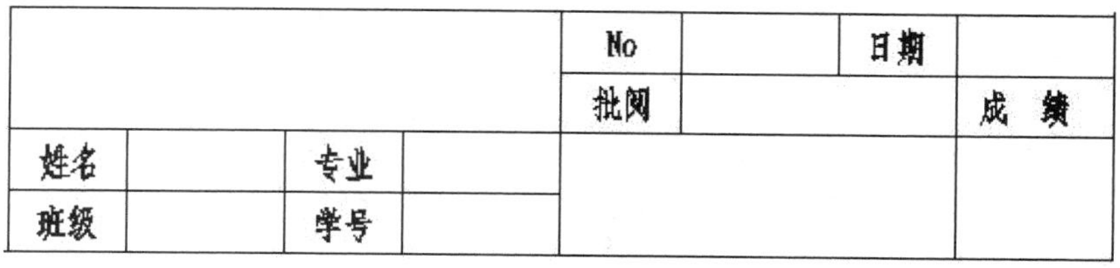

		No		日期	
		批阅			成 绩
姓名		专业			
班级		学号			

图 2-11　输入文字内容结果

六、定义带属性的块

（1）单击下拉菜单栏中的"绘图"|"块"|"定义属性"命令，弹出"属性定义"对话框，设置其参数如图 2-12 所示，单击"确定"按钮，在绘图区之内拾取即将写入的文字所在位置的正中点，块属性定义结束。

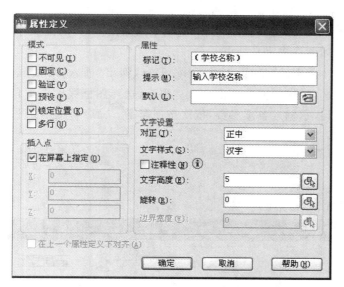

图 2-12　块的定义

（2）重复上述操作，可以为其他的文字定义属性。"（图名）"的字高为5，其他文字的字高为3.5，结果如图 2-13 所示。

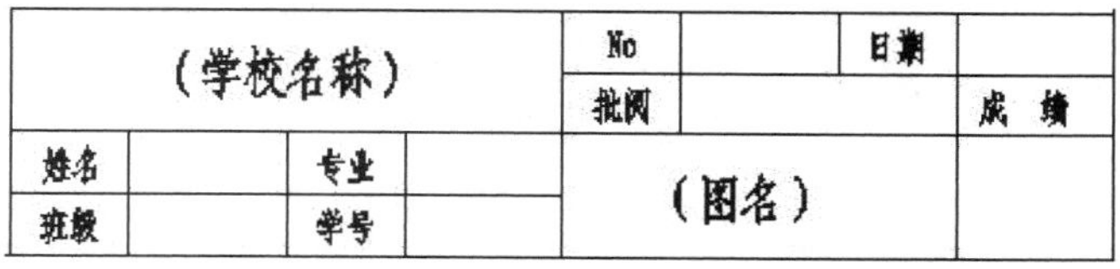

		No		日期	
（学校名称）		批阅			成 绩
姓名		专业		（图名）	
班级		学号			

图 2-13　块定义的结果

（3）单击下拉菜单栏中的"绘图"|"块"|"创建"命令，弹出"块定义"对话框，如图 2-14 所示。

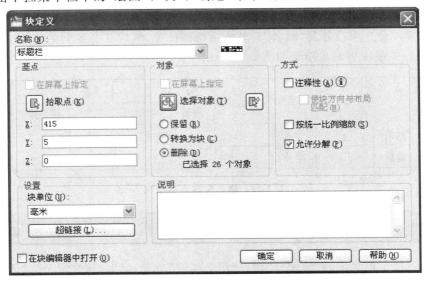

图 2-14 "块定义"对话框

（4）在"名称"下拉列表框中输入块的名称"标题栏"，单击"拾取点"按钮，捕捉标题栏的右下角角点作为块的基点；单击"选择对象"按钮，选择标题栏线及其内部文字，选择"删除"单选按钮，单击"确定"按钮，标题栏块定义结束。

（5）单击绘图工具栏中的"插入块"命令按钮 ，弹出"插入"对话框，如图 2-15 所示。从"名称"下拉列表框中选择"标题栏"，单击"确定"按钮，选择图框线的右下角点为插入基点，单击鼠标左键，根据命令行提示输入各项参数，依次按回车键。命令行提示如下：

```
命令：_insert                               //激活插入命令
指定插入点或[基点(B)/比例(S)/旋转(R)]：       //指定图框线的右下角点为插入基点
输入属性值
输入图名：建筑平面图
输入学校名称：辽宁建筑职业学院                  //回车结束
```

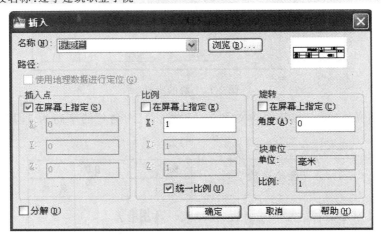

图 2-15 "插入"对话框

注意:在实际绘图时,块的属性值中的各项参数应根据实际情况设置或修改。

（6）将该文件保存为样板图文件。

单击下拉菜单栏中的"文件"|"保存"命令,打开"图形另存为"对话框。从"文件类型"下拉列表中选择"AutoCAD 图形样板(∗ . dwt)",输入文件名称"A3 建筑图模板",单击"保存"按钮,在弹出的样板说明对话框中输入说明"A3 建筑图模板",单击"确定"按钮,完成设置。

注意:其他幅面建筑用模板只要在"A3 建筑图模板"文件的基础上修改边框尺寸大小,并另存文件即可。

实例小结

以 A3 建筑图模板为例详细讲解了样板图的制作过程,其他幅面的样板图可以在此样板图的基础上修改而成。标题栏中的部分文字定义成了带属性的块,在插入时可以根据需要输入不同的内容。标题栏和图框线的尺寸和宽度可以根据相关规范设置。

任务 3 绘制三角形内接圆

知识重点

本实例我们绘制一个简单图形——三角形内接圆,练习 AutoCAD 2015 图层设置、绘制直线的方法和绘制圆的方法

操作步骤

（1）使用直线命令绘制一个任意三角形。

（2）设置对象捕捉中的切点捕捉。

（3）使用画圆命令完成三角形的内接圆。

一、绘制任意三角形

（1）选择下拉菜单栏中的"文件"|"新建"命令,弹出"选择样板"对话框,如图 2-16 所示。单击选取"A3 建筑图模板",单击"打开"按钮。

（2）选择图层,选取"轮廓线"图层。

（3）选择下拉菜单栏中的"绘图"|"直线"命令,如图 2-17 所示,或者单击绘图工具栏中的"直线"图标，或者在当前命令行中键入"L"。

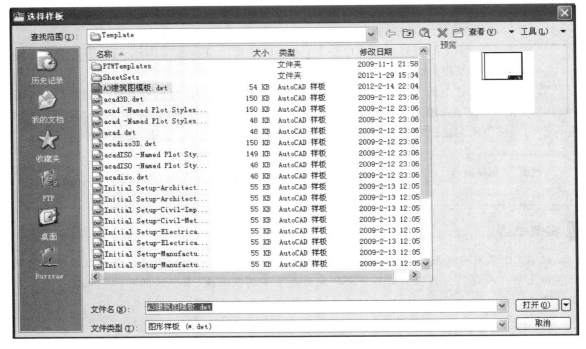

图 2-16　选择样板图

（4）移动鼠标十字光标在绘图区任意处单击左键，屏幕上产生直线的第一个端点，移动鼠标再单击左键，屏幕上产生直线的第二个端点，绘制完成了第一条直线。

（5）直接回车，以第一条直线的终点为起点，继续移动鼠标重复上述操作，绘制完成第二条直线。

（6）输入 C 闭合三角形，使其终点与第一条直线的起点相交，绘制完成第三条直线，完成一个三角形，结果如图 2-18 所示。

图 2-17　"直线"命令

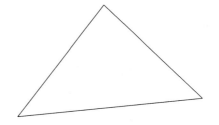

图 2-18　绘制的三角形

命令行的提示如下：

命令:_line	//激活直线命令
指定第一个点:	//在绘图区任意处单击左键
指定下一点或[放弃(U)]:	//单击左键绘制第一条直线
指定下一点或[放弃(U)]:	//单击左键绘制第二条直线
指定下一点或[闭合(C)/放弃(U)]:C	//输入 C 闭合三角形

二、设置对象捕捉的切点

（1）在工作界面底部状态栏中右击"对象捕捉"按钮，打开快捷菜单，单击"设置"选项，如图 2-19 所示。

（2）打开"草图设置"对话框，单击"对象捕捉"选项卡，如图 2-20 所示。

（3）单击"切点"复选框，出现"√"，单击"确定"按钮。

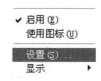

图 2-19　对象捕捉的快捷菜单

三、绘制内接圆

（1）选择下拉菜单栏中的"绘图"｜"圆"选项。

（2）在"圆"级联菜单中单击"三点"选项，如图 2-21 所示。

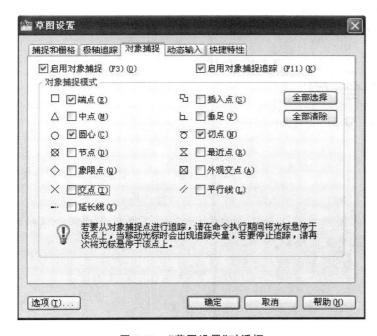

图 2-20　"草图设置"对话框　　　　图 2-21　"圆"级联菜单

（3）在屏幕上分别选择三角形的各条边的中间点。

（4）选择边时可以看到"递延切点"提示，完成内接圆，效果如图 2-22 所示。

> **技巧**：在"圆"级联菜单中单击"相切、相切、相切"选项，也可以完成内接圆，同时不需要设置切点捕捉。

实例小结

通过本实例，我们学习了如何打开一个样板图，使用图层，如何绘制直线和圆，学会了在任

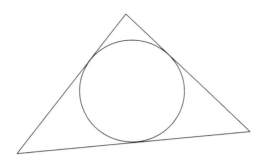

图 2-22 内接圆效果图

意三角形内接圆的画法。

样板图是一个已经设置好的空白图纸,其中包含图层、线型和颜色,图层的设置是十分重要的。读者可以根据实际需要,设置多个样板图,在绘图时直接选取所需的样板图。

AutoCAD 2015 常用的菜单栏和工具栏,列出了常用的命令选项,工具栏中的快捷图标在操作时使用方便。读者还可以自行设置工具栏图标。

直线和圆是基本的绘图命令,在后面的章节中还会详细介绍。

任务 4 绘制五角星

知识重点

本实例通过五角星绘制,可使读者掌握精确绘图工具的使用方法,了解对象捕捉和极轴的设置与应用,最后使用修剪命令完成五角星的绘制。

操作步骤

(1) 设置极轴增量角。

(2) 画五角星。

(3) 修剪对象。

一、设置极轴增量角

1. 选取样板图

选择下拉菜单栏中的"文件"|"新建"命令,打开"选择样板"对话框,选取"A3 建筑图模板",单击"打开"按钮。

2．设置极轴增量角

在工作界面底部状态栏中右击"极轴"按钮,在弹出的快捷菜单中单击"设置"选项,打开"草图设置"对话框,单击"极轴追踪"选项卡,如图 2-23 所示。单击"启用极轴追踪"复选框,使其出现"√",在"增量角"下拉列表框中输入 72,单击"确定"按钮。

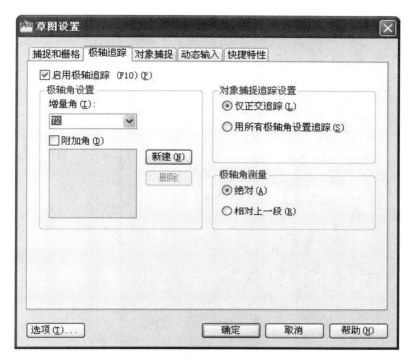

图 2-23　设置极轴增量角

二、画五角星

先绘制直线。

选择下拉菜单栏中的"绘图"|"直线"选项,命令行的提示如下:

```
命令:_line                                      //激活直线命令
指定第一个点:                                    //在屏幕左下角单击一点
指定下一点或[放弃(U)]:200                        //沿极轴角 72°画线,输入长度值 200
指定下一点或[放弃(U)]:200                        //沿极轴角 288°画线,输入长度值 200
指定下一点或[闭合(C)/放弃(U)]:200                //沿极轴角 144°画线,输入长度值 200
指定下一点或[闭合(C)/放弃(U)]:200                //沿极轴角 0°画线,输入长度值 200
指定下一点或[闭合(C)/放弃(U)]:C                  //闭合直线段
```

绘制完成的第一条直线如图 2-24 所示。

绘制完成的五角星如图 2-25 所示。

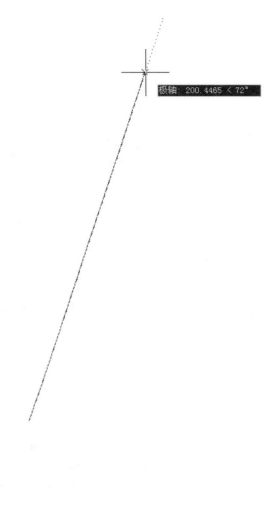

图 2-24　绘制第一条直线

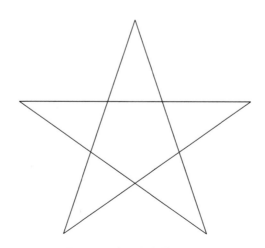

图 2-25　绘制完成的五角星

三、修剪对象

选择下拉菜单栏中的"修改"|"修剪"选项,命令行的提示如下:

命令:_trim   //激活修剪命令
当前设置:投影= UCS,边= 无
选择剪切边…
选择对象或〈全部选择〉:ALL   //键入 ALL,表示选择全部对象
找到 5 个
选择对象: //回车
选择要修剪的对象,或按住 Shift 键选择要延伸的对象,或
[栏选(F)/窗交(C)/投影(P)/边(E)/删除(R)/放弃(U)]:   //选择五角星内部需要修剪的边
选择要修剪的对象,或按住 Shift 键选择要延伸的对象,或
[栏选(F)/窗交(C)/投影(P)/边(E)/删除(R)/放弃(U)]:   //选择其他要修剪的边,回车结束

绘制结果如图 2-26 所示。

实例小结

本实例学习了极轴增量角的设置,绘图时打开极轴、对象追踪功能,将有利于精确绘制图形。画直线时当某一点正好处在极轴增量角的位置上时,读者可以看到极轴辅助线,这时可以直接输入直线长度值,如本例输入 200。

极轴增量角设置为 72°,每当出现 72°的整倍数时,读者都可以看到极轴辅助线。利用该功能,能够大大地简化绘图操作程序。

修剪命令是修改图形时用得非常多的命令,操作时应该注意:执行时首先选择剪切边,然后回车,切记操作时一定要先回车再选择被剪切对象。

图 2-26　修剪完成的五角星

本例在修剪时,系统提示选择剪切边,选择了全部对象。此时五条边都被选中,它们既是剪切边又是被剪切对象,然后直接单击被剪切对象就可以完成修剪,从而极大地提高了绘图效率。

任务 5 绘制正多边形

知识重点

以绘制正多边形和绘制矩形为例,介绍绘制正多边形的方法。灵活使用多边形和矩形命令,可以大大简化图形的绘制过程,操作也非常方便。使用阵列命令,可以完成以指定方式排列多个对象的拷贝,可以提高作图速度。

操作步骤

(1) 绘制 3 种正多边形(3 边、6 边、5 边)和正三边形的外接圆。

(2) 阵列五边形。

(3) 绘制圆和正四边形。

一、绘制 3 种正多边形和正三边形的外接圆

单击下拉菜单栏中的"文件"|"新建"选项,打开"选择样板"对话框,选择已有的样板文件"A3 建筑图模板",单击"打开"按钮。

1. 绘制正三边形

选择"0"层为当前层。单击下拉菜单栏中的"绘图"|"多边形"选项,命令行的提示如下:

```
命令:_polygon                                          //激活多边形命令
输入侧面数 <4>:3                                        //输入边数 3
指定正多边形的中心点或[边(E)]:                          //在屏幕内任选一个点
输入选项[内接于圆(I)/外切于圆(C)] <I>:                  //默认内接于圆的方式
指定圆的半径:15                                         //输入半径值,回车完成正三边形
```

2. 绘制圆

单击下拉菜单栏中的"绘图"|"圆"|"三点"选项,其命令行的提示如下:

```
命令:_circle
指定圆的圆心或[三点(3P)/两点(2P)/切点、切点、半径(T)]:_3p      //三点绘制图
指定圆上的第一个点:                                      //捕捉正三角形的第一个顶点
指定圆上的第二个点:                                      //捕捉正三角形的第二个顶点
指定圆上的第三个点:                                      //捕捉正三角形的第三个顶点
```

3. 绘制正六边形

重复"多边形"命令,其命令行的提示如下:

```
命令:_polygon 输入侧面数 <2>:6                          //绘制正六边形
指定正多边形的中心点或[边(E)]:                          //捕捉圆心
输入选项[内接于圆(I)/外切于圆(C)] <I>:C                 //选择外切于圆的方式
指定圆的半径:15                                         //输入半径值,回车完成正六边形
```

绘制完成的正三边形、圆和六边形如图 2-27 所示。

4. 绘制正五边形

执行"多边形"命令,其命令行的提示如下:

```
命令:_polygon 输入侧面数 <6>:5                          //绘制正五边形
指定正多边形的中心点或[边(E)]:E                         //利用边长绘制正五边形
指定边的第一个端点:1                                    //选取第一条边的起点 1
指定边的第二个端点:2                                    //选取第一条边的终点 2
```

绘制完成的正五边形如图 2-28 所示。

图 2-27 绘制完成的正三边形、圆和六边形

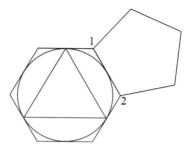

图 2-28 绘制完成的正五边形

注意：利用边长绘制正五边形时，应该按逆时针方向选点，先选择 1 点，然后选择 2 点。

二、阵列正五边形

单击下拉菜单栏中的"修改"|"阵列"|"环形阵列"选项，命令行的提示如下：

```
命令:_arraypolar                                              //激活阵列命令
选择对象:找到 1 个                                            //选择正五边形
选择对象:                                                    //回车完成环形阵列
类型=极轴   关联=是
指定阵列的中心点或[基点(B)/旋转轴(A)]:                          //捕捉圆心
选择夹点以编辑阵列或[关联(AS)/基点(B)/项目(I)/项目间角度(A)/填充角度(F)/行(ROW)/层
(L)/旋转项目(ROT)/退出(X)]<退出>:                              //回车退出
```

打开"阵列"对话框，如图 2-29 所示。选取"环形阵列"单选框；拾取环形阵列中心点，单击圆心；在"项目总数"处输入"6"；选择正五边形；选取"复制时旋转项目"；预览环形阵列结果；单击"确定"按钮。完成环形阵列的结果如图 2-30 所示。

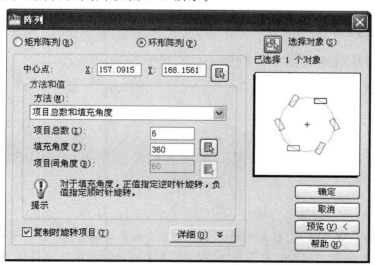

图 2-29 阵列的设置

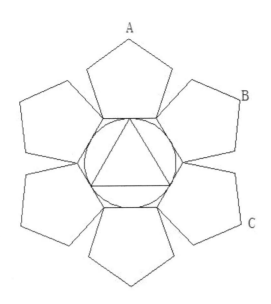

图 2-30 阵列生成的正五边形

三、绘制外接圆和正四边形

1. 绘制外接圆

单击下拉菜单栏中的"绘图"|"圆"|"三点"选项,其命令行的提示如下:

```
命令:_circle                                              //激活圆命令
指定圆的圆心或[三点(3P)/两点(2P)/切点、切点、半径(T)]:_3p    //通过三点绘制圆
指定圆上的第一个点:              //捕捉阵列中的第一个正五边形的 A 点作为绘制圆的第一个点
指定圆上的第二个点:              //捕捉阵列中的第二个正五边形的 B 点作为绘制圆的第二个点
指定圆上的第三个点:              //捕捉阵列中的第三个正五边形的 C 点作为绘制圆的第三个点
```

2. 绘制正四边形

单击下拉菜单栏中的"绘图"|"多边形"选项,其命令行的提示如下:

```
命令:_polygon                                            //激活多边形命令
输入侧面数 <5>:4                                          //绘制正四边形,输入边数 4
指定正多边形的中心点或[边(E)]:                              //捕捉圆心
输入选项[内接于圆(I)/外切于圆(C)]<C>:C                       //外切于圆
指定圆的半径:                                             //捕捉大圆的 90°象限点
```

绘制完成的结果如图 2-31 所示。

实例小结

本实例通过绘制正多边形,让我们学会了画正多边形的两种方法。

第一种是圆心、内接于圆(I)/外切于圆(C)、半径方法,注意:半径相同时,内接于圆(I)所绘制的正多边形比外切于圆(C)所绘制的正多边形要小。

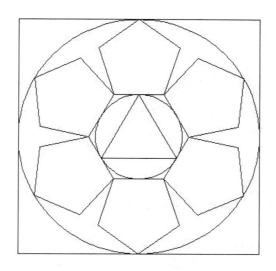

图 2-31　绘制完成的外接圆和正四边形

第二种是边长法,正多边形的大小和方位与边长有关。

阵列命令是完成以指定方式排列多个对象的拷贝,圆盘类零件使用较多。

任务 **6** 绘制花朵

知识重点

本实例使用多段线命令和阵列命令绘制一朵美丽的花,学会多段线命令中选项的操作,特别是多段线命令中圆弧的操作步骤,该命令是多段线命令中最为复杂的,读者可以多加练习。

操作步骤

(1) 使用多段线命令绘制一个花瓣。

(2) 阵列花瓣。

一、绘制第一个花瓣

(1) 打开样板文件。选择下拉菜单栏中的"文件"|"新建"命令,打开"选择样板"对话框。选择已设置完成的样板"A3 建筑图模板"。

(2) 选择下拉菜单栏中的"文件"|"另存为"命令,命名为"花朵.dwg"。

(3) 选取"中心线"图层为当前层,画中心线。

画直线,命令行的提示如下:

```
命令:_line
指定第一个点:100,120                           //输入第一点坐标
指定下一点或[放弃(U)]:270,120                   //输入第二点坐标完成水平线
```

指定下一点或[放弃(U)]:   //回车

命令:_line

指定第一个点:190,195   //输入第一点坐标绘制垂直线

指定下一点或[放弃(U)]:190,35   //输入第二点坐标完成垂直线

指定下一点或[放弃(U)]:   //回车

（4）选取"轮廓线"图层为当前层，画多段线。

选择下拉菜单栏中的"绘图"｜"多段线"命令，命令行的提示如下：

命令:_pline   //激活多段线命令

指定起点: //输入一点

当前线宽为 0.0000

指定下一个点或[圆弧(A)/半宽(H)/长度(L)/放弃(U)/宽度(W)]:W   //改变线宽

指定起点宽度 <5.0000>:0   //宽度为 0

指定端点宽度 <0.0000>:7   //宽度为 7

指定下一个点或[圆弧(A)/半宽(H)/长度(L)/放弃(U)/宽度(W)]:A   //画圆弧选项

指定圆弧的端点(按住 Ctrl 键以切换方向)或

[角度(A)/圆心(CE)/方向(D)/半宽(H)/直线(L)/半径(R)/第二个点(S)/放弃(U)/宽度(W)]:D

                                                               //方向选项

指定圆弧的起点切向:45   //起点切向，输入 45°

指定圆弧的端点(按住 Ctrl 键以切换方向):@75<0   //输入端点坐标

指定圆弧的端点(按住 Ctrl 键以切换方向)或

[角度(A)/圆心(CE)/闭合(CL)/方向(D)/半宽(H)/直线(L)/半径(R)/第二个点(S)/放弃(U)/宽

度(W)]:   //回车结束

绘制效果如图 2-32 所示。

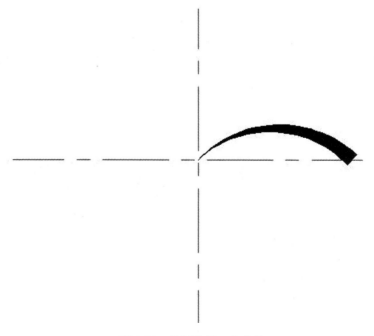

图 2-32   绘制的第一个花瓣

二、镜像和阵列环形花瓣

（1）选择多段线圆弧做镜像操作，相对于水平线做镜像。

选择下拉菜单栏中的"修改"｜"镜像"选项，命令行的提示如下：

```
命令:_mirror                              //激活镜像命令
选择对象:找到 1 个                         //选择多段线圆弧
选择对象:                                 //回车
指定镜像线的第一点:                        //选取水平线左端点
指定镜像线的第二点:                        //选取水平线右端点
要删除源对象吗? [是(Y)/否(N)]<N>:          //回车
```

镜像结果如图 2-33 所示。

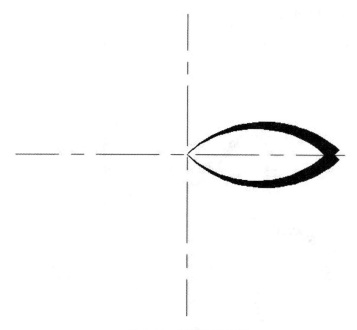

图 2-33　镜像环形花瓣

（2）阵列花瓣。选择下拉菜单栏中的"修改"｜"阵列"，打开"阵列"对话框，如图 2-34 所示。

（3）单击"环形阵列"选项按钮；确定阵列中心，单击"中心点"按钮 ；回到屏幕捕捉中心线的交点。

（4）单击"选择对象"按钮，选择两瓣圆弧。

（5）在"方法和值"选项区中，选取"项目总数"为 6，选取"填充角度"为 360。

（6）选中"复制时旋转项目"，单击"确定"按钮。

阵列结果如图 2-35 所示。

实例小结

通过本实例的操作，可以看到利用多段线能够绘制出复杂的、特殊形状的图案，读者根据实

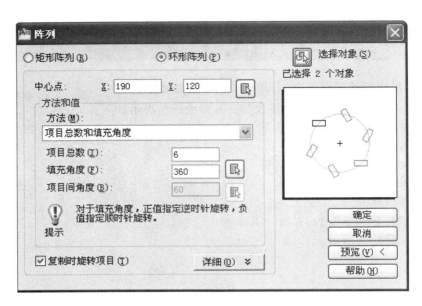

图 2-34　阵列花瓣

图 2-35　环形花瓣

际需要使用多段线和圆弧的组合,可以绘制出各种各样的线型和图样。

重点掌握多段线命令中圆弧选项的使用,多段线命令的选项较多,操作复杂,建议读者多加练习。

阵列命令具有按着一定规律进行多重复制的功能,有矩形阵列和环形阵列,使用阵列命令可以提高操作速度。

任务 **7** 绘制扬声器立面图

知识重点

本实例主要应用多段线命令、圆弧命令、偏移命令等,绘图结果如图 2-36 所示。

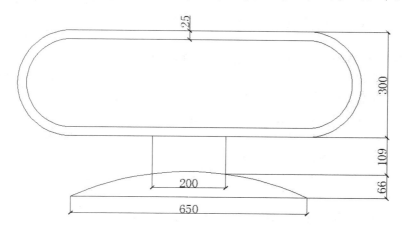

图 2-36　扬声器立面图

操作步骤

(1) 绘制音箱。

(2) 镜像操作。

(3) 绘制圆弧。

一、绘制音箱

1. 设置绘图界限

单击下拉菜单栏中的"格式"|"图形界限"命令,根据命令行提示指定左下角点为原点,右上角点为"1500,1500"。

在命令行中输入 ZOOM 命令,回车后选择"全部(A)"选项,显示图形界限。

2. 绘制多段线

(1) 单击绘图工具栏中的多段线命令按钮 ⌐⅃,命令行提示如下:

命令:_pline	//激活多段线命令
指定起点:	//在绘图区之内任意一点单击
当前线宽为 0.0000	
指定下一个点或[圆弧(A)/半宽(H)/长度(L)/放弃(U)/宽度(W)]:650	
	//沿水平向右方向输入距离 650

指定下一点或[圆弧(A)/闭合(C)/半宽(H)/长度(L)/放弃(U)/宽度(W)]:A

//选择"圆弧(A)"选项开始绘制圆弧

指定圆弧的端点(按住 Ctrl 键以切换方向)或

[角度(A)/圆心(CE)/闭合(CL)/方向(D)/半宽(H)/直线(L)/半径(R)/第二个点(S)/放弃(U)/宽
度(W)]:300   //沿垂直向下方向输入距离 300

指定圆弧的端点(按住 Ctrl 键以切换方向)或

[角度(A)/圆心(CE)/闭合(CL)/方向(D)/半宽(H)/直线(L)/半径(R)/第二个点(S)/放弃(U)/宽
度(W)]:L   //选择"直线(L)"选项绘制直线

指定下一点或[圆弧(A)/闭合(C)/半宽(H)/长度(L)/放弃(U)/宽度(W)]:650

//沿水平向左方向输入距离 650

指定下一点或[圆弧(A)/闭合(C)/半宽(H)/长度(L)/放弃(U)/宽度(W)]:A

//选择"圆弧(A)"选项开始绘制圆弧

指定圆弧的端点(按住 Ctrl 键以切换方向)或

[角度(A)/圆心(CE)/闭合(CL)/方向(D)/半宽(H)/直线(L)/半径(R)/第二个点(S)/放弃(U)/宽
度(W)]:300   //沿垂直向上方向输入距离 300

指定圆弧的端点(按住 Ctrl 键以切换方向)或

[角度(A)/圆心(CE)/闭合(CL)/方向(D)/半宽(H)/直线(L)/半径(R)/第二个点(S)/放弃(U)/宽
度(W)]:   //回车,结束命令

（2）单击"修改"|"偏移"选项,命令行提示如下:

命令:_offset   //激活偏移命令

当前设置:删除源=否 图层=源 OFFSETGAPTYPE=0

指定偏移距离或[通过(T)/删除(E)/图层(L)]<通过>:25   //输入偏移距离 25

选择要偏移的对象,或[退出(E)/放弃(U)]<退出>:   //选择多段线

指定要偏移的那一侧上的点,或[退出(E)/多个(M)/放弃(U)]<退出>:

//在多段线的内部任意一点单击

选择要偏移的对象,或[退出(E)/放弃(U)]<退出>:   //回车,结束命令

绘图结果如图 2-37 所示。

图 2-37 绘制多段线

二、镜像操作

（1）单击绘图工具栏中的直线命令按钮,命令行提示如下:

命令:_line   //激活直线命令

指定第一个点:100	//沿多段线的中点 A 水平向左追踪距离为 100
指定下一点或[放弃(U)]:109	//沿垂直向下方向输入距离 109
指定下一点或[放弃(U)]:	//回车,结束命令
命令:	//回车,再次输入直线命令
LINE 指定第一个点:200	//沿多段线的中点 A 垂直向下追踪距离为 200
指定下一点或[放弃(U)]:325	//沿水平向左方向输入距离 325
指定下一点或[放弃(U)]:	//回车,结束命令

（2）单击下拉菜单栏中的"修改"|"镜像"选项,命令行提示如下:

命令:_mirror	//激活镜像命令
选择对象:指定对角点:找到 2 个	//选择两条直线对象
选择对象:	//回车
指定镜像线的第一点:指定镜像线的第二点:	
//分别捕捉多段线的中点 A 和中点 B 作为镜像线的第一点和第二点	
要删除源对象吗?[是(Y)/否(N)]<N>:	//回车,不删除源对象

镜像结果如图 2-38 所示。

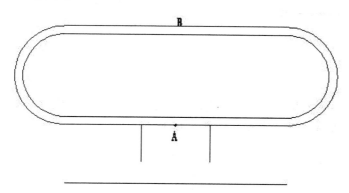

图 2-38　镜像音响壳

三、绘制圆弧

单击"绘图"|"圆弧"选项,命令行提示如下:

命令:_arc	//激活圆弧命令
指定圆弧的起点或[圆心(C)]:	//捕捉 C 点
指定圆弧的第二个点或[圆心(C)/端点(E)]:	//捕捉 D 点
指定圆弧的端点:	//捕捉 E 点

最终结果如图 2-39 所示。

■ 实例小结

通过本实例,可以进一步学习多段线的绘制方法。绘制圆弧时,采用系统默认的"三点"方式。绘图过程中应打开极轴追踪、对象捕捉及对象追踪功能。

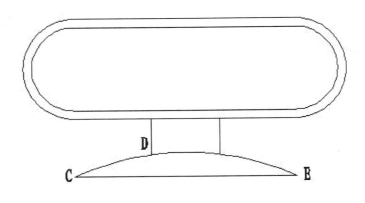

图 2-39　支座的绘制

任务 8 绘制老虎窗

知识重点

　　本实例介绍建筑物常见的老虎窗绘制方法。灵活使用矩形和偏移命令，可以大大简化图形的绘制过程，操作也非常方便。老虎窗如图 2-40 所示。

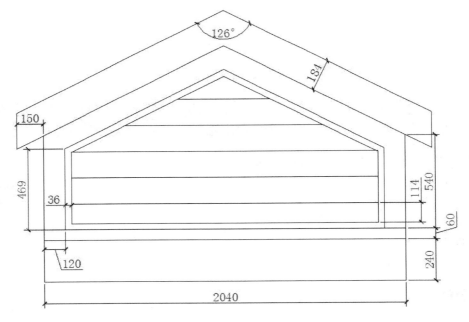

图 2-40　老虎窗

操作步骤

(1) 绘制老虎窗口。

(2) 绘制老虎窗盖。

一、绘制老虎窗口

1. 设置图形界限

单击下拉菜单栏中的"格式"|"图形界限"选项,命令行提示如下:

```
命令:'_limits                                              //激活图形界限命令
重新设置模型空间界限:
指定左下角点或[开(ON)/关(OFF)]<0,0>:                         //坐标原点
指定右上角点 <420,297>:2500,2000                            //输入新坐标
命令:ZOOM                                                  //缩放命令
指定窗口的角点,输入比例因子(nX 或 nXP),或者
[全部(A)/中心(C)/动态(D)/范围(E)/上一个(P)/比例(S)/窗口(W)/对象(O)]<实时>:A
```

正在重新生成模型。

2. 绘制窗口底线

(1) 绘制直线。

```
命令:_line
指定第一个点:
指定下一点或[放弃(U)]:600                                    //沿极轴向下输入 600
指定下一点或[放弃(U)]:2040                                   //沿极轴向右输入 2040
指定下一点或[闭合(C)/放弃(U)]:600                             //沿极轴向上输入 600
```

(2) 偏移直线。

```
命令:_offset
当前设置:删除源= 否   图层= 源   OFFSETGAPTYPE= 0
指定偏移距离或[通过(T)/删除(E)/图层(L)]<通过>:  60            //输入偏移距离 60
选择要偏移的对象,或[退出(E)/放弃(U)]<退出>:
指定要偏移的那一侧上的点,或[退出(E)/多个(M)/放弃(U)]<退出>:   //在上面单击
```

重复回车做偏移,输入偏移距离 120,偏移左右两条直线。

偏移结果如图 2-41 所示。

3. 绘制窗口上部斜线

(1) 绘制直线。

```
命令:_line
指定第一个点:                                               //选择左端直线顶端点
指定下一点或[放弃(U)]:@1200<27                              //输入相对坐标,斜线夹角为 27°
指定下一点或[放弃(U)]:
```

(2) 镜像操作。

```
命令:_mirror                                              //激活镜像命令
选择对象:找到 1 个                                          //捕捉刚刚绘制的斜线
```

60

120

图 2-41   绘制窗口底线

选择对象：	//回车
指定镜像线的第一点：	//捕捉底线中点
指定镜像线的第二点：	//沿极轴向上单击
要删除源对象吗？[是(Y)/否(N)]<N>：	//回车完成镜像

镜像结果如图 2-42 所示。

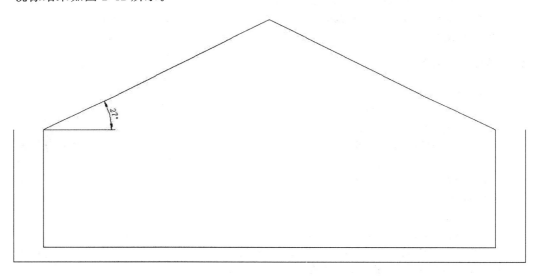

27°

图 2-42   绘制窗口上部斜线

4. 绘制窗口底部台板

命令：_line	
指定第一个点：	//选择左下角点
指定下一点或[放弃(U)]:240	//向下画线
指定下一点或[放弃(U)]:	//绘制水平线
指定下一点或[放弃(U)]:	//捕捉右下角点

画线结果如图 2-43 所示。

5. 绘制窗口内部结构

（1）选择下拉菜单栏中的"绘图"|"边界"选项，命令行提示如下：

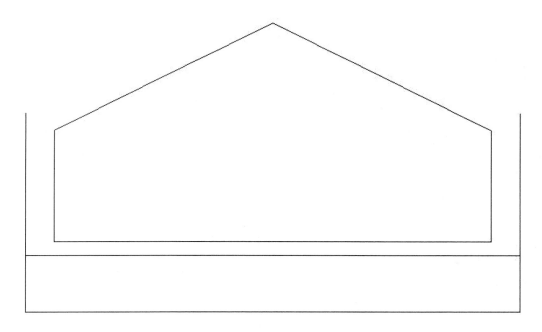

图 2-43　绘制窗口底部台板

命令:_boundary　　　　　　　　　　　　　　　　　　　　　//激活边界命令

拾取内部点:正在选择所有对象…　　　　　　　　　　　　　　//在窗口内单击一点

正在选择所有可见对象…

正在分析所选数据…

正在分析内部孤岛…

BOUNDARY 已创建 1 个多段线　　　　　　　　　　　　　//创建一个多段线封闭图形

(2) 选择下拉菜单栏中的"修改"|"偏移"选项,命令行提示如下:

命令:_offset

当前设置:删除源=否　　图层=源　　OFFSETGAPTYPE=0

指定偏移距离或[通过(T)/删除(E)/图层(L)]<通过>:36

选择要偏移的对象,或[退出(E)/放弃(U)]<退出>:　　　　　　　　//选择多段线封闭图形

指定要偏移的那一侧上的点,或[退出(E)/多个(M)/放弃(U)]<退出>:　　　　//在里面单击

偏移结果如图 2-44 所示。

6. 绘制窗口隔板

(1) 偏移操作。

命令:_offset

当前设置:删除源=否　　图层=源　　OFFSETGAPTYPE=0

指定偏移距离或[通过(T)/删除(E)/图层(L)]<通过>:114

选择要偏移的对象,或[退出(E)/放弃(U)]<退出>:　　　　　　　　//选择窗口里边的底线

指定要偏移的那一侧上的点,或[退出(E)/多个(M)/放弃(U)]<退出>:M　　　　//回车

指定要偏移的那一侧上的点:　　　　　　　　　　　　　　//上方单击连续偏移

(2) 选择"修剪"命令,将多余的部分线段剪掉,结果如图 2-45 所示。

图 2-44　绘制窗口内部结构

图 2-45　绘制窗口隔板

二、绘制老虎窗盖

1. 偏移老虎窗顶盖

命令:_offset   //激活偏移命令

当前设置:删除源=否   图层=源   OFFSETGAPTYPE=0

指定偏移距离或[通过(T)/删除(E)/图层(L)]<通过>:184

选择要偏移的对象,或[退出(E)/放弃(U)]<退出>:   //选择左侧斜线

指定要偏移的那一侧上的点,或[退出(E)/多个(M)/放弃(U)]<退出>:   //在上方单击一点

选择要偏移的对象,或[退出(E)/放弃(U)]<退出>:   //回车,结束偏移

重复选择偏移命令,偏移右侧斜线。

2. 封闭偏移线

命令:_chamfer

("修剪"模式)当前倒角距离 1=0,距离 2=0

选择第一条直线或[放弃(U)/多段线(P)/距离(D)/角度(A)/修剪(T)/方式(E)/多个(M)]:

//选择左侧斜线

选择第二条直线,或按住 Shift 键选择直线以应用角点或[距离(D)/角度(A)/方法(M)]:

//选择右侧斜线,回车

两条斜线自动连接相交,结果如图 2-46 所示。

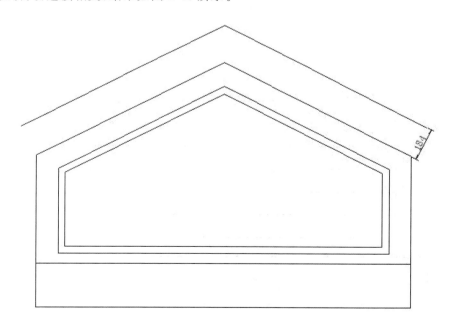

图 2-46 绘制老虎窗盖

3．绘制老虎窗顶盖屋檐

打开对象捕捉快捷菜单的"范围"选项，激活"直线"命令。分别绘制屋檐2条延伸线。与偏移的垂直线相交，结果如图2-47所示。

4．延伸屋檐

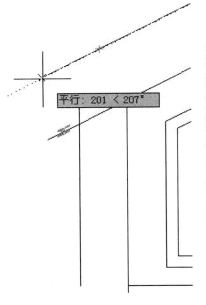

图 2-47　绘制老虎窗顶盖屋檐

命令:_extend　　　　　　　　　　　　　　　　//激活延伸命令

当前设置:投影=UCS,边=无

选择边界的边…

选择对象或<全部选择>:找到 1 个　　　　　　//选择斜线

选择对象:　　　　　　　　　　　　　　　　　//回车

选择要延伸的对象,或按住 Shift 键选择要修剪的对象,或[栏选(F)/窗交(C)/投影(P)/边(E)/放弃(U)]:

//选择直线,完成延伸

选择要延伸的对象,或按住 Shift 键选择要修剪的对象,或[栏选(F)/窗交(C)/投影(P)/边(E)/放弃(U)]:

//按住 Shift 键选择要修剪的对象

//操作由延伸变为修剪,逐一进行操作

最终绘制完成的老虎窗效果如图2-48所示。

图 2-48　绘制完成的老虎窗效果

 习题

1. 思考题

（1）对象捕捉激活方式有几种？

（2）画圆有几种方法？如何实现？

（3）矩形命令和多边形命令有何区别？

（4）多段线命令可否由直线与圆弧命令替代？为什么？

（5）多段线命令中的圆弧选项有哪些功能？

2. 将左侧的命令与右侧的功能连接起来

LINE	多段线
RECTANG	正多边形
CIRCLE	椭圆
ARC	圆弧
ELLIPSE	圆
POLYGON	矩形
PLINE	直线
OFFSET	镜像
ERASE	偏移
COPY	复制
ARRAY	删除
MIRROR	阵列

3. 选择题

（1）下列画圆方式中,有一种只能从"绘图"下拉菜单中选取,这种方式是（　　　）。

　A. 圆心、半径　　　　B. 圆心、直径　　　　C. 3点　　　　　　D. 2点

　E. 相切、相切、半径　　F. 相切、相切、相切

（2）下列各命令为圆弧命令快捷键的是（　　　）。

　A. C　　　　　　　　B. A　　　　　　　　C. PL　　　　　　D. Rec

（3）使用夹点编辑对象时,夹点的数量依赖于被选取的对象,矩形和圆各有（　　　）个夹点。

　A. 4个、5个　　　　B. 1个、1个　　　　C. 4个、1个　　　　D. 2个、3个

（4）下列画圆弧的方式中无效的是（　　　）。

　A. 起点、圆心、端点　　　　　　　　B. 圆心、起点、方向

　C. 圆心、起点、角度　　　　　　　　D. 起点、端点、半径

（5）在世界坐标系统内,用户定义某一点的输入方式为（　　　）。

　A. X,Y　　　　　　B. X,角度　　　　　　C. @X,Y　　　　　D. @距离＜角度

（6）在什么时候,可以直接输入距离值:（　　　）。

　A. 打开极轴　　　　　　　　　　　　B. 打开对象捕捉

　C. 打开对象追踪　　　　　　　　　　D. 以上同时具备

（7）激活分解对象命令最简捷的方式为：（　　　　）。

    A. 单击分解命令工具按钮   B. 输入分解命令（X）

    C. 选取下拉菜单栏中的"修改"|"分解"   D. 选取屏幕菜单"修改 2"|"分解"

（8）修改线型比例的命令是（　　　　）。

    A. LTSCALE   B. LAYER   C. LINE   D. LINETYPE

（9）绘制多段线的命令是（　　　　）。

    A. MLINE   B. PLINE   C. SPLINE   D. XLINE

4. 作图题

（1）作图 2-49。

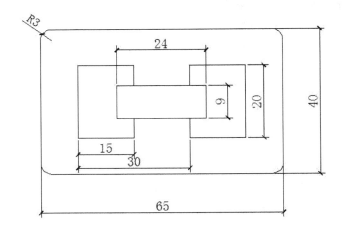

图 2-49　作图（1）

（2）作图 2-50。（提示：设置极轴增量角。）

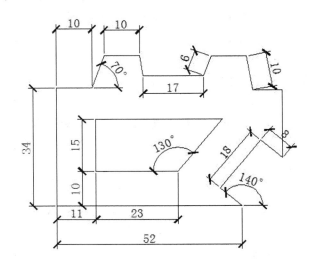

图 2-50　作图（2）

（3）绘制指北针，作图 2-51。（注意：变宽线的绘制方法。）

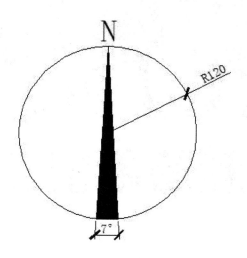

图 2-51 指北针

（4）绘制门，作图 2-52。

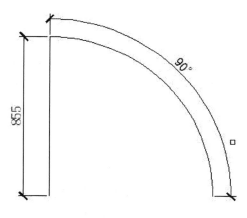

图 2-52 门

（5）绘制标高符号，如图 2-53 所示。

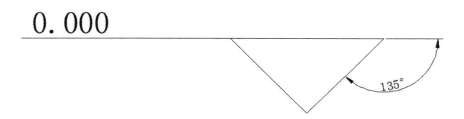

图 2-53 标高符号

单元3

绘制简单的二维图形

单元导读
○ ○ ○ ○

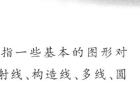

　　二维图形的绘制是指在平面空间中绘制完成的图形，主要是指一些基本的图形对象。AutoCAD 2015 提供了十三种基本的图形对象，有点、直线、射线、构造线、多线、圆弧、圆、椭圆、多段线、矩形、正多边形、圆环、样条曲线。本单元将通过实例详细讲解这些基本图形的绘制方法和操作技巧。

任务 1 绘制床头柜

知识要点

本实例使用矩形命令、偏移命令、圆命令完成床头柜的绘制。绘制结果如图3-1所示。

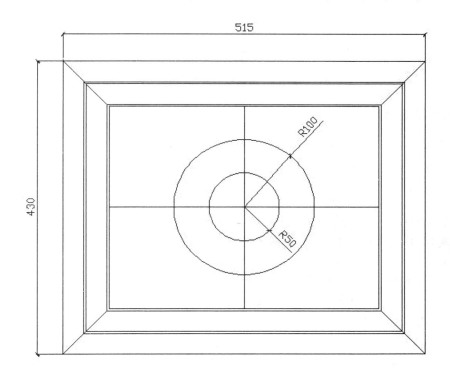

图3-1　床头柜

操作步骤

1. 创建图形文件

选取"文件"|"新建"命令,弹出"选择样板"对话框,选择"A3 建筑图模板"样板文件,单击"打开"按钮,即可以创建一个新的绘图文件。

2. 绘制床头柜外轮廓矩形

选择"绘图"|"矩形"选项,命令行提示如下:

```
命令:_rectang                                               //激活矩形命令
指定第一个角点或[倒角(C)/标高(E)/圆角(F)/厚度(T)/宽度(W)]:        //单击确定第一点 A
指定另一个角点或[面积(A)/尺寸(D)/旋转(R)]:@515,-430    //输入相对坐标,得到 B 点,回车
```

结果如图 3-2 所示。

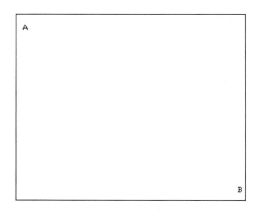

图 3-2　床头柜外轮廓矩形

3. 绘制内部轮廓线

床头柜上面有多条平行线,偏移距离值分别为 30、33、63、66。

选择下拉菜单栏中的"修改"|"偏移"选项,命令行提示如下:

```
命令:_offset                                              //激活偏移命令
当前设置:删除源=否    图层=源   OFFSETGAPTYPE=0
指定偏移距离或[通过(T)/删除(E)/图层(L)]<通过>:30         //设置第一个偏移距离值 30
选择要偏移的对象,或[退出(E)/放弃(U)]<退出>:             //选取要偏移的矩形
指定要偏移的那一侧上的点,或[退出(E)/多个(M)/放弃(U)]<退出>:   //在内部选取一点
选择要偏移的对象,或[退出(E)/放弃(U)]<退出>:             //回车
```

依次完成其他 3 个内部轮廓线。完成结果如图 3-3 所示。

图 3-3　内部轮廓线

4. 绘制床头柜上面中线和对角线

（1）选择下拉菜单栏中的"绘图"|"直线"选项,命令行提示如下：

> 命令：_line
>
> 指定第一个点：   //单击直线命令,选取直线 AB 的中点
>
> 指定下一点或[放弃(U)]：   //选取直线 CD 的中点
>
> 指定下一点或[放弃(U)]：   //回车

同样操作,完成另一条直线。

（2）两次回车重复直线命令,然后选取相应矩形的角点绘制出 4 条对角线。

完成结果如图 3-4 所示。

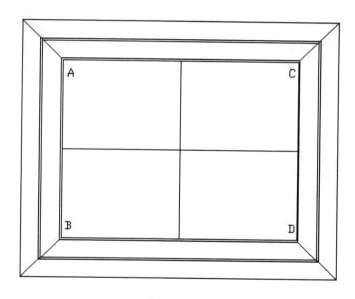

图 3-4　床头柜上面中线和对角线

5. 绘制床头柜上台灯图形

选择下拉菜单栏中的"绘图"|"圆"选项,命令行提示如下：

> 命令：_circle   //激活圆命令
>
> 指定圆的圆心或[三点(3P)/两点(2P)/切点、切点、半径(T)]：
>
> 指定圆的半径或[直径(D)]:50   //输入半径值 50
>
> 命令：_circle   //回车,重复圆命令
>
> 指定圆的圆心或[三点(3P)/两点(2P)/切点、切点、半径(T)]：
>
> 指定圆的半径或[直径(D)]<50.0000>:100   //输入半径值 100

床头柜完成效果如图 3-5 所示。

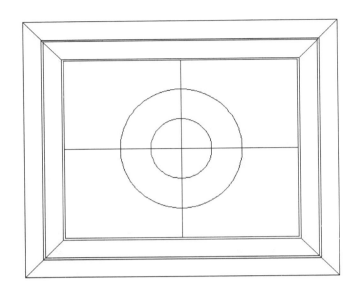

图 3-5　床头柜效果图

任务 2　绘制双人床

知识要点

本实例使用矩形命令、镜像命令、圆弧命令等完成双人床的绘制。

1. 创建一个新的图形文件

选取"文件"|"新建"命令,弹出"选择样板"对话框,选择"A3 建筑图模板"样板文件,单击"打开"按钮,即可以创建一个新的绘图文件。

2. 绘制双人床轮廓

单击下拉菜单栏中的"绘图"|"矩形"选项,命令行提示如下:

```
命令:_rectang                                                    //激活矩形命令
指定第一个角点或[倒角(C)/标高(E)/圆角(F)/厚度(T)/宽度(W)]:F        //选取圆角选项
指定矩形的圆角半径 <0.0000>:37.5                                   //输入圆角半径值 37.5
指定第一个角点或[倒角(C)/标高(E)/圆角(F)/厚度(T)/宽度(W)]:0,0
                                                                //输入第一个角点,坐标原点
指定另一个角点或[面积(A)/尺寸(D)/旋转(R)]:@1500,1950              //输入第二个角点
```

绘制完成双人床轮廓。

3. 绘制枕头

1）外轮廓线

命令：_rectang

当前矩形模式：圆角=37.5000

指定第一个角点或[倒角(C)/标高(E)/圆角(F)/厚度(T)/宽度(W)]：140,90

//输入第一个角点

指定另一个角点或[面积(A)/尺寸(D)/旋转(R)]：@525,365

//输入第二个角点,完成枕头图形绘制。

2）内轮廓线

命令：_rectang

当前矩形模式：圆角=37.5000

指定第一个角点或[倒角(C)/标高(E)/圆角(F)/厚度(T)/宽度(W)]：177.5,127.5

//输入第一个角点

指定另一个角点或[面积(A)/尺寸(D)/旋转(R)]：@450,290

//输入第二个角点,完成枕头内部图形绘制

完成双人床初步图形,绘制结果如图 3-6 所示。

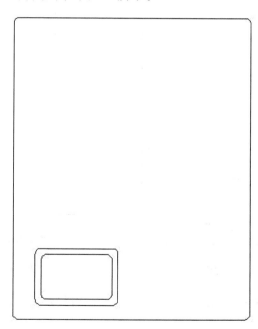

图 3-6　枕头内部图形

4. 绘制另一个枕头

选择下拉菜单栏中的"修改"|"镜像"选项,命令行提示如下：

命令：_mirror

选择对象:指定对角点:找到 2 个	//选取枕头
选择对象:	//回车
指定镜像线的第一点:	//捕捉双人床上边中点
指定镜像线的第二点:	//捕捉双人床下边中点
要删除源对象吗?[是(Y)/否(N)]<N>:	//回车

结果如图 3-7 所示。

5.绘制床头板

(1)选择下拉菜单栏中的"绘图"|"直线"选项,命令行提示如下:

命令:_line	
指定第一个点:	//捕捉左下角点,如图 3-8 所示,输入 B 点坐标@0,-50
指定下一点或[放弃(U)]:@1500<0	//得到 B 点,沿水平极轴画直线
指定下一点或[放弃(U)]:	//回车

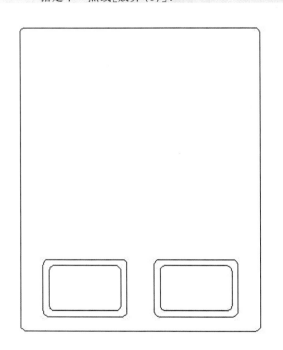

图 3-7　另一个床头柜

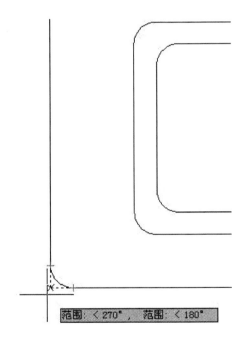

范围:< 270°，　范围:< 180°

图 3-8　捕捉左下角点

(2)选择下拉菜单栏中的"修改"|"删除"选项,命令行提示如下:

命令:_erase	
选择对象:找到 1 个	//选择虚线,删除
选择对象:	//回车,如图 3-9 所示

(3)选择下拉菜单栏中的"绘图"|"圆弧"|"起点、端点、半径"选项,命令行提示如下:

命令:_arc	//选择圆弧命令中的起点、端点、半径选项
指定圆弧的起点或[圆心(C)]:	//选取起点 A 点
指定圆弧的第二个点或[圆心(C)/端点(E)]:_e	//端点选项

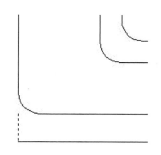

图 3-9　删除虚线

指定圆弧的端点：　　　　　　　　　　　　　　　　　　　　　　　　　　　　//选取端点 B 点

指定圆弧的中心点(按住 Ctrl 键以切换方向)或[角度(A)/方向(D)/半径(R)]:_r

指定圆弧的半径(按住 Ctrl 键以切换方向):40　　　　　　　　　　　　　　//输入半径 40

命令：_arc　　　　　　　　　　　　　　　　　　　　　//选择圆弧命令中的起点、端点、半径选项

指定圆弧的起点或[圆心(C)]:　　　　　　　　　　　　　　　　　　　　　//选取起点 D 点

指定圆弧的第二个点或[圆心(C)/端点(E)]:_e　　　　　　　　　　　　　　　　//端点选项

指定圆弧的端点:　　　　　　　　　　　　　　　　　　　　　　　　　　　　//选取端点 C 点

指定圆弧的中心点(按住 Ctrl 键以切换方向)或[角度(A)/方向(D)/半径(R)]:_r

指定圆弧的半径(按住 Ctrl 键以切换方向):40　　　　　　　　　　　　　　//输入半径 40

完成的双人床床头板，如图 3-10 所示。

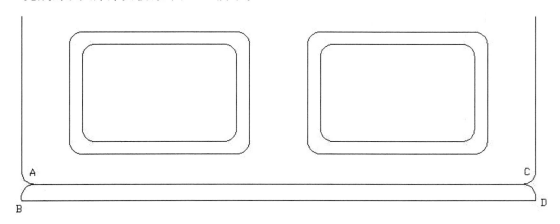

图 3-10　双人床的床头板

6．绘制被子

选择下拉菜单栏中的"绘图"|"直线"选项，命令行提示如下：

命令：_line

指定第一个点:　　　　　　　　　　　　　　　　　　　　　　　　　　　　//捕捉 B 点

指定下一点或[放弃(U)]:500　　　　　　　　　　　　　　//沿 90°极轴追踪，输入 500

指定下一点或[放弃(U)]:200　　　　　　　　　　　　//沿水平极轴向左追踪，输入 200

指定下一点或[闭合(C)/放弃(U)]:　　　　　　　　　　　　//捕捉双人床左侧直线中点

7. 旋转双人床

选择下拉菜单栏中的"修改"|"旋转"选项,命令行提示如下:

```
命令:_rotate                                              //激活旋转命令
UCS 当前的正角方向: ANGDIR=逆时针  ANGBASE=0
选择对象:指定对角点:找到 13 个                            //窗口选取全部对象
选择对象:                                                //回车
指定基点:                                                //捕捉左边线的中点
指定旋转角度,或[复制(C)/参照(R)]<0>:180                   //输入角度180°
```

双人床完成效果如图 3-11 所示。

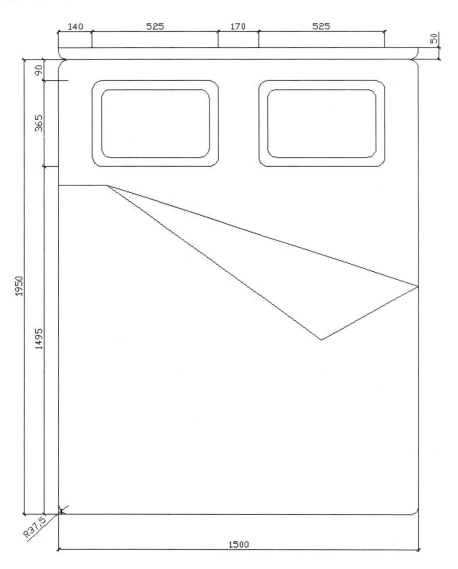

图 3-11 双人床效果完成图

实例小结

本实例在捕捉圆角矩形角点时,打开对象捕捉的范围捕捉功能,可以比较容易地找到矩形直线的角点,便于输入尺寸坐标。

旋转双人床是将床头部分朝上布置,操作时注意基点的选择,对象将围绕该基点旋转。

任务 3 绘制摆钩

知识重点

本实例以绘制摆钩为例,介绍绘制圆弧的方法以及对象捕捉快捷菜单中的"临时追踪点"和"自"的用法。使用"临时追踪点"和"自"的方法是激活命令时按 Shift+右键打开对象捕捉快捷菜单后,单击选取。

本实例学习绘制复杂圆弧连接方法,如使用"起点、端点、方向"选项。

操作步骤

(1) 绘制中心线。

(2) "临时追踪点"和"自"的使用。

(3) 绘制相切圆。

(4) 圆弧连接。

打开样板文件。选择下拉菜单栏中的"文件"|"新建"命令,打开"选择样板"对话框,选择样板"acadiso.dwt"为英制样板图,单击"打开"按钮。

1. 绘制中心线

设置中心线图层为当前层,绘制直线。

选择下拉菜单栏中的"绘图"|"直线"选项,命令行的提示如下:

```
命令:_line
指定第一个点:                                    //在屏幕上任选一点
指定下一点或[放弃(U)]:9                          //绘制水平线,9英寸长
指定下一点或[放弃(U)]:                           //回车
```

同理,绘制垂线,垂线为 5 英寸长。

2. 偏移垂线

选择下拉菜单栏中的"修改"|"偏移"选项,命令行的提示如下:

```
命令:_offset
指定偏移距离或[通过(T)/删除(E)/图层(L)]<1.0000>:2.38          //输入偏移距离值
选择要偏移的对象,或[退出(E)/放弃(U)]<退出>:                   //选择垂线
指定要偏移的那一侧上的点,或[退出(E)/多个(M)/放弃(U)]<退出>:
                                                          //在右侧单击一点向右做偏移
选择要偏移的对象,或[退出(E)/放弃(U)]<退出>:                   //回车
命令:OFFSET
指定偏移距离或[通过(T)/删除(E)/图层(L)]<2.3800>:8.5           //输入偏移距离值
选择要偏移的对象,或[退出(E)/放弃(U)]<退出>:                   //选取刚刚偏移的垂线
指定要偏移的那一侧上的点,或[退出(E)/多个(M)/放弃(U)]<退出>:
                                                          //在右侧单击一点向左做偏移
选择要偏移的对象,或[退出(E)/放弃(U)]<退出>:                   //回车
```

绘制效果如图 3-12 所示。

3. 使用"临时追踪点"和"自"绘制 2 个圆

(1)设置"轮廓线"层为当前层。打开"临时追踪点"和"自"的方法:按 Shift+右键出现对象捕捉快捷菜单,使用左键点选,如图 3-13 所示。

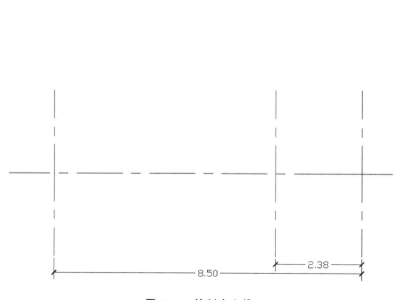

图 3-12 绘制中心线

图 3-13 对象捕捉快捷菜单

(2)选择下拉菜单栏中的"绘图"|"圆"|"圆心、半径"选项,命令行的提示如下:

```
命令:_circle
指定圆的圆心或[三点(3P)/两点(2P)/切点、切点、半径(T)]:_tt 指定临时对象追踪点:
    // Shift+右键,单击对象捕捉快捷菜单"临时追踪点"选项,捕捉中心线的交点 A
```

指定圆的圆心或[三点(3P)/两点(2P)/切点、切点、半径(T)]:1

//沿极轴向下偏移距离,指定圆(R=3.32 mm)的圆心

指定圆的半径或[直径(D)]<0.0600>:3.32

//输入半径值

（3）两次回车重复圆命令：

```
命令:_circle
指定圆的圆心或[三点(3P)/两点(2P)/切点、切点、半径(T)]:_from基点:<偏移>:@ 0,-1.5
```

//单击对象捕捉快捷菜单中的 "自"按钮,选取中心线的交点 A 为基点

//输入相对坐标指定 R=4.35 mm 圆的圆心

```
指定圆的半径或[直径(D)]<3.3200>:4.35
```

//输入半径值

利用"临时追踪点"和"自"绘制完成的两个圆如图 3-14 所示。

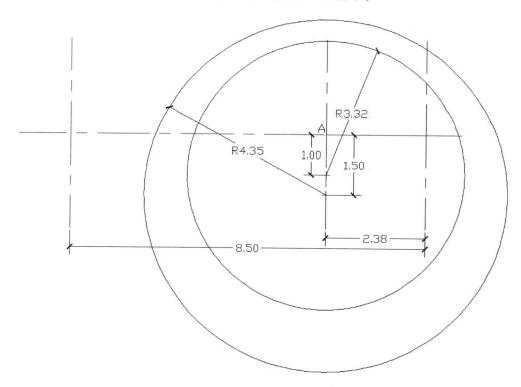

图 3-14 绘制完成的两个圆

4. 复杂圆弧的绘制方法

1）绘制三个圆（半径分别为 0.6、0.25、0.06）

选择下拉菜单栏中的"绘图"|"圆"|"圆心、半径"选项,命令行的提示如下：

```
命令:_circle
指定圆的圆心或[三点(3P)/两点(2P)/切点、切点、半径(T)]:          //选取左面中心线交点
指定圆的半径或[直径(D)]:0.6                                        //输入半径值
命令:_circle
指定圆的圆心或[三点(3P)/两点(2P)/切点、切点、半径(T)]:          //选取左面中心线交点
```

指定圆的半径或[直径(D)]<0.60>:0.25 　　　　　　　　　　　　//输入半径值

命令:_circle

指定圆的圆心或[三点(3P)/两点(2P)/切点、切点、半径(T)]: 　　　//选取右面中心线交点

指定圆的半径或[直径(D)]<0.25>:0.06 　　　　　　　　　　　　//输入半径值

2）绘制第一个相切圆

选择下拉菜单栏中的"绘图"|"圆"|"切点、切点、半径"选项,命令行的提示如下:

命令:_circle

指定圆的圆心或[三点(3P)/两点(2P)/切点、切点、半径(T)]:_ttr

　　　　　　　　　　　　　　　　　　　　　　　　//选取画圆"切点、切点、半径"选项

指定对象与圆的第一个切点: 　　　　　　　　　　　//点选与 R=0.6 mm 的圆相切点

指定对象与圆的第二个切点: 　　　　　　　　　　　//点选与 R=4.35 mm 的圆相切点

指定圆的半径<4.3500>:5.5 　　　　　　　　　　　　　　//输入半径 5.5

3）绘制第二个相切圆

命令:_circle

指定圆的圆心或[三点(3P)/两点(2P)/切点、切点、半径(T)]:_ttr 　　//选取"切点、切点、半径"选项

指定对象与圆的第一个切点: 　　　　　　　　　　　//点选与 R=0.6 mm 的圆相切点

指定对象与圆的第二个切点: 　　　　　　　　　　　//点选与 R=3.32 mm 的圆相切点

指定圆的半径 <5.5000>:4.9 　　　　　　　　　　　　　　//输入半径值 4.9

绘制完成的相切圆如图 3-15 所示。

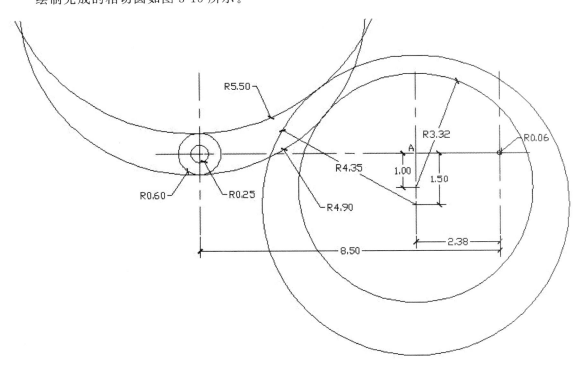

图 3-15　绘制完成的相切圆

5. 修剪完成左半部分的圆弧

命令:_trim

当前设置:投影=UCS,边=无

选择剪切边…   //首先选择剪切边

选择对象:找到 1 个   //然后选择被剪切边

逐个修剪各个部分,修剪完成左半部分的圆弧如图 3-16 所示。

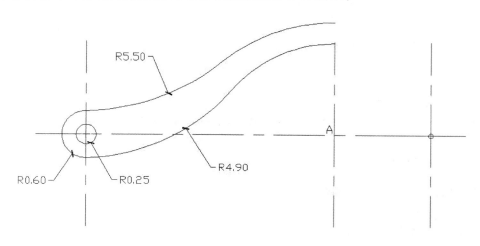

图 3-16 修剪完成左半部分的圆弧

6. 绘制右半部分的圆弧和圆

1)绘制圆弧

单击下拉菜单栏中的"绘图"|"圆弧"|"起点、端点、方向"选项,命令行的提示如下:

命令:_arc

指定圆弧的起点或[圆心(C)]:   //捕捉圆弧端点 C

指定圆弧的第二个点或[圆心(C)/端点(E)]:_e //使用"起点、端点、方向"选项绘制圆弧

指定圆弧的端点: //捕捉圆(R=0.06 mm)的象限点 B

指定圆弧的中心点(按住 Ctrl 键以切换方向)或[角度(A)/方向(D)/半径(R)]:_d

指定圆弧起点的相切方向(按住 Ctrl 键以切换方向): //沿着极轴 0°方向确定一点

提示:操作时注意在端点 C 处,使圆弧与极轴水平线相切。

2)绘制圆

命令:_circle

指定圆的圆心或[三点(3P)/两点(2P)/切点、切点、半径(T)]: //圆心 A 点

指定圆的半径或[直径(D)]:2.32   //输入半径

绘制完成右半部分的圆弧和圆如图 3-17 所示。

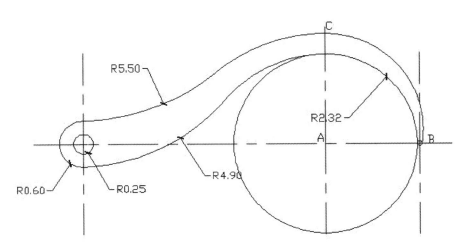

图 3-17　绘制完成右半部分的圆弧和圆

7. 修剪多余对象

激活"修剪"命令,命令行的提示如下:

```
命令:_trim
当前设置:投影=UCS,边=无
选择剪切边…                              //首先选择剪切边
选择对象:找到 1 个                        //然后选择被剪切边
```

逐个修剪各个部分,绘制完成的摆钩图如图 3-18 所示。

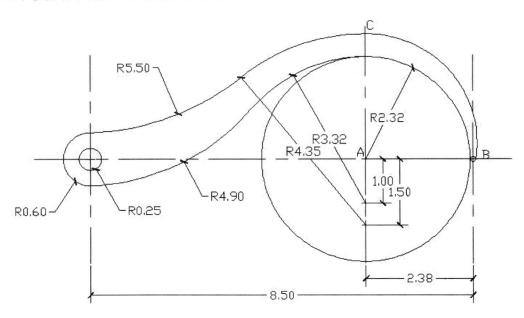

图 3-18　绘制完成的摆钩图

实例小结

通过这个实例,我们学习了绘制圆弧的方法以及对象捕捉的"临时追踪点"和"自"的用法。
AutoCAD 2015 可以定制两种单位制:公制的毫米和英制的英寸。

画圆在确定圆心位置时可以使用临时追踪点的方法,以简化操作,提高效率。

学习对象捕捉的"临时追踪点"和捕捉"自"的用法,应该注意两者的区别。学会圆弧命令的 11
种画法,本例使用"起点、端点、方向"菜单项。对于偏移命令,首先输入偏移距离,然后选取对象,最
后指定偏移位置。执行修剪命令时,在选取剪切边后,必须先空回车,然后选择被修剪对象。

任务 4 绘制洗手池

知识要点

本实例使用多段线命令、椭圆命令、椭圆弧命令、复制命令、圆和直线命令来完成洗手池的
绘制。洗手池如图 3-19 所示。

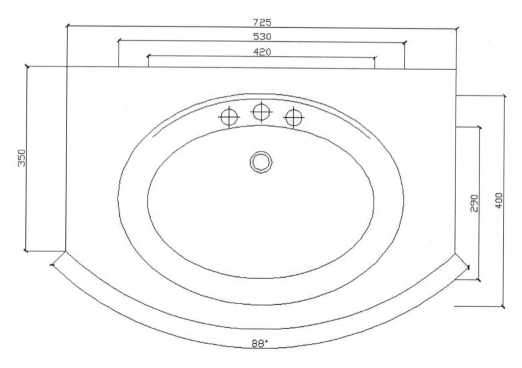

图 3-19   洗手池

操作步骤

(1) 创建一个新的图形文件。选取"文件"|"新建"命令,弹出"选择样板"对话框,选择"A3
建筑图模板"样板文件,单击"打开"按钮,创建一个新的绘图文件。

（2）绘制洗手池轮廓图形。打开正交开关。

选取"绘图"｜"多段线"选项，命令行提示如下：

```
命令:_pline                                                    //激活多段线命令
指定起点:                                                       //单击确定起点 A 点
当前线宽为 0.0000
指定下一个点或[圆弧(A)/半宽(H)/长度(L)/放弃(U)/宽度(W)]:350      //向下沿极轴输入 350
指定下一点或[圆弧(A)/闭合(C)/半宽(H)/长度(L)/放弃(U)/宽度(W)]:A   //选取"圆弧"选项
指定圆弧的端点(按住 Ctrl 键以切换方向)或[角度(A)/圆心(CE)/闭合(CL)/方向(D)/半宽(H)/
直线(L)/半径(R)/第二个点(S)/放弃(U)/宽度(W)]:R                  //选择"半径"选项
指定圆弧的半径:520                                              //输入圆弧半径 520
指定圆弧的端点(按住 Ctrl 键以切换方向)或[角度(A)]:A              //选择"角度"选项
指定夹角:88                                                    //输入角度 88°
指定圆弧的弦方向(按住 Ctrl 键以切换方向)<270>:                    //沿水平方向确定 C 点
指定圆弧的端点(按住 Ctrl 键以切换方向)或
[角度(A)/圆心(CE)/闭合(CL)/方向(D)/半宽(H)/直线(L)/半径(R)/第二个点(S)/放弃(U)/宽
度(W)]:L                                                       //选择"直线"选项
指定下一点或[圆弧(A)/闭合(C)/半宽(H)/长度(L)/放弃(U)/宽度(W)]:
                                                              //向上沿极轴输入 350
指定下一点或[圆弧(A)/闭合(C)/半宽(H)/长度(L)/放弃(U)/宽度(W)]:C   //选择"闭合"选项
```

绘制结果如图 3-20 所示。

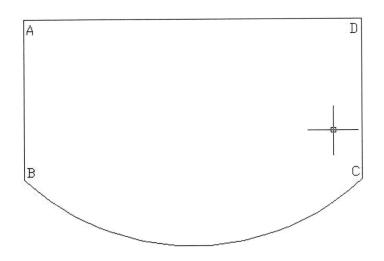

图 3-20　洗手池轮廓图形

（3）绘制洗手池内部轮廓线。选取"绘图"｜"椭圆"选项，打开对象追踪开关，命令行提示如下：

```
命令:_ellipse                                    //激活椭圆命令(选择"轴、端点"选项)
指定椭圆的轴端点或[圆弧(A)/中心点(C)]:50
```

//捕捉直线 AD 中点，向下追踪，输入 50，单击确定 E 点

指定轴的另一个端点:400	//向下输入距离值400,单击确定 H 点
指定另一条半轴长度或[旋转(R)]:265	//输入另一条半轴长度值265,单击确定 J 点
命令:_ellipse	
指定椭圆的轴端点或[圆弧(A)/中心点(C)]:110	
	//捕捉直线 AD 中点,向下追踪,输入110,单击确定 F 点
指定轴的另一个端点:290	//向下输入距离值290,单击确定 G 点
指定另一条半轴长度或[旋转(R)]:210	//输入另一条半轴长度值210,单击确定 I 点

洗手池内部轮廓线完成结果如图3-21所示。

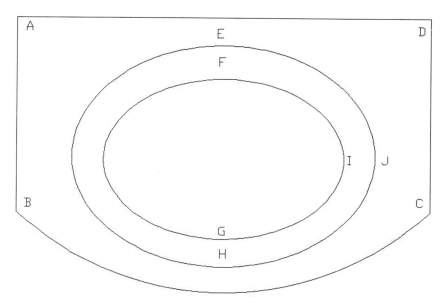

图 3-21   洗手池内部轮廓线

（4）绘制椭圆弧。选取"绘图"|"椭圆"|"圆弧"选项,命令行提示如下:

命令:_ellipse	
指定椭圆的轴端点或[圆弧(A)/中心点(C)]:_a	//选择椭圆弧命令
指定椭圆弧的轴端点或[中心点(C)]:<对象捕捉 开> 60	
	//捕捉直线 AD 中点,向下追踪,输入距离值60
指定轴的另一个端点:380	//向下追踪,输入距离值380
指定另一条半轴长度或[旋转(R)]:255	//输入另一条半轴长度值255
指定起点角度或[参数(P)]:210	//指定起点角度210
指定端点角度或[参数(P)/夹角(I)]:330	//指定端点角度330,回车

绘制椭圆弧如图3-22所示。

（5）绘制水孔辅助直线。选取"绘图"|"直线"选项,命令行提示如下:

命令:_line	
指定第一个点:65	//捕捉直线 AD 中点,向下追踪,输入65,单击确定图 3-23 中的 A 点
指定下一点或[放弃(U)]:40	//向下追踪输入距离值40,单击确定图 3-23 中的 B 点

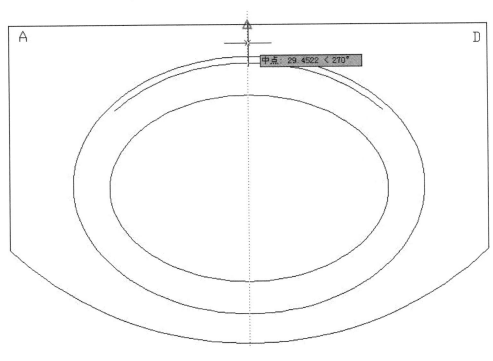

图 3-22 绘制椭圆弧

```
指定下一点或[放弃(U)]:                                          //回车
命令:_line
指定第一个点:20
              //捕捉图 3-23 中的直线 AB 中点,向左追踪,输入偏移值 20,单击确定图 3-23 中的 C 点
指定下一点或[放弃(U)]:40              //向右追踪,输入偏移值 40,单击确定图 3-23 中的 D 点
指定下一点或[放弃(U)]:                                          //回车
```

(6)绘制水孔。选取"绘图"|"圆"选项,命令行提示如下:

```
命令:_circle
指定圆的圆心或[三点(3P)/两点(2P)/切点、切点、半径(T)]:        //选取交点 E 为圆心
指定圆的半径或[直径(D)]:15                                    //输入圆半径 15
```

绘制结果如图 3-23 所示。

(7)复制水孔。选取"修改"|"复制"选项,命令行提示如下:

```
命令:_copy                                                  //激活复制命令
选择对象:指定对角点:找到 3 个                                  //选择对象
当前设置:复制模式=多个
指定基点或[位移(D)/模式(O)]<位移>:                            //指定基点 E,见图 3-23
指定第二个点或[阵列(A)]<使用第一个点作为位移>:@60,-10         //输入位移值,完成右边水孔
指定第二个点或[阵列(A)/退出(E)/放弃(U)]<退出>:@-60,-10        //输入位移值,完成左边水孔
指定第二个点或[阵列(A)/退出(E)/放弃(U)]<退出>:                 //回车结束
```

(8)绘制下水孔。选取"绘图"|"圆"选项,命令行提示如下:

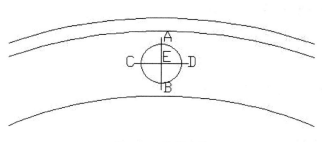

图 3-23　绘制水孔

命令:_circle
指定圆的圆心或[三点(3P)/两点(2P)/切点、切点、半径(T)]:95
　　　　　　　　　　//捕捉图 3-23 中的 E 点,向下追踪,输入 95,单击确定圆心点
指定圆的半径或[直径(D)]<15.0000>:15　　　　　　　　　　　　　//输入圆半径值 15
命令:CIRCLE
指定圆的圆心或[三点(3P)/两点(2P)/切点、切点、半径(T)]:
指定圆的半径或[直径(D)]<15.0000>:20　　　　　　　　　　　　　//输入圆半径值 20

绘制完成的下水孔效果图如图 3-24 所示。

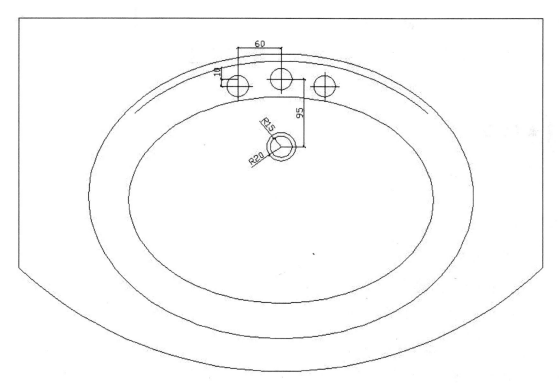

图 3-24　绘制完成的下水孔效果图

任务 5 绘制洗菜盆

知识要点

本实例使用矩形命令、镜像命令、圆角命令、复制命令、移动和旋转命令来完成。绘制的洗菜盆如图 3-25 所示。

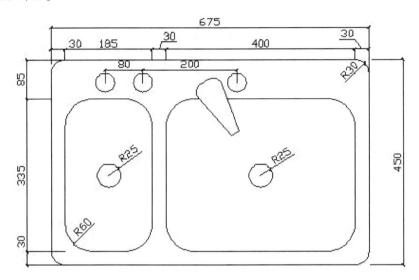

图 3-25　洗菜盆

操作步骤

1. 创建一个新的图形文件

选取"文件"|"新建"命令,弹出"选择样板"对话框,选择"A3 建筑图模板"样板文件,单击"打开"按钮,创建一个新的绘图文件。

2. 绘制洗菜盆轮廓

1) 绘制洗菜盆轮廓线

选取"绘图"|"矩形"选项,命令行提示如下:

```
命令:_rectang
指定第一个角点或[倒角(C)/标高(E)/圆角(F)/厚度(T)/宽度(W)]:F          //选择"圆角"选项
指定矩形的圆角半径 <0.0000>:30                                    //输入圆角半径值 30
指定第一个角点或[倒角(C)/标高(E)/圆角(F)/厚度(T)/宽度(W)]:0,0       //指定左下角绝对坐标
指定另一个角点或[面积(A)/尺寸(D)/旋转(R)]:@675,450                 //输入右上角相对坐标
```

2）绘制左侧洗菜盆轮廓线

命令：_rectang
当前矩形模式：圆角=30.0000
指定第一个角点或[倒角(C)/标高(E)/圆角(F)/厚度(T)/宽度(W)]:F   //选择"圆角"选项
指定矩形的圆角半径 <30.0000>:60   //输入圆角半径值 60
指定第一个角点或[倒角(C)/标高(E)/圆角(F)/厚度(T)/宽度(W)]:   //捕捉左下角圆心
指定另一个角点或[面积(A)/尺寸(D)/旋转(R)]:@185,335   //输入右上角相对坐标

3）绘制右侧洗菜盆轮廓线

命令：_rectang
当前矩形模式：圆角=60.0000
指定第一个角点或[倒角(C)/标高(E)/圆角(F)/厚度(T)/宽度(W)]:   //捕捉右下角圆心
指定另一个角点或[面积(A)/尺寸(D)/旋转(R)]:@-400,335   //输入左上角相对坐标

绘制洗菜盆轮廓如图 3-26 所示。

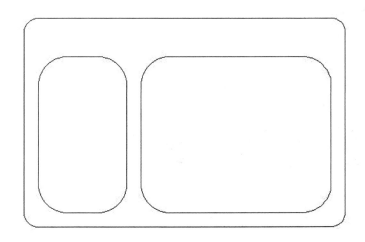

图 3-26　绘制洗菜盆轮廓

3. 绘制下水孔

选取"绘图"|"圆"选项，命令行提示如下：

命令：_circle
指定圆的圆心或[三点(3P)/两点(2P)/切点、切点、半径(T)]:   //捕捉左小矩形中心
指定圆的半径或[直径(D)]:25   //输入半径
命令：_circle
指定圆的圆心或[三点(3P)/两点(2P)/切点、切点、半径(T)]:   //捕捉右大矩形中心
指定圆的半径或[直径(D)]:25   //输入半径
命令：_circle
指定圆的圆心或[三点(3P)/两点(2P)/切点、切点、半径(T)]:195,400   //输入绝对坐标,确定圆心
指定圆的半径或[直径(D)]<25.0000>:20   //输入半径

绘制结果如图 3-27 所示。

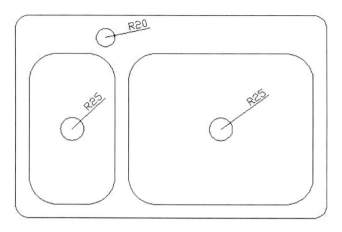

图 3-27　绘制下水孔

4. 复制下水孔

选取"修改"|"复制"选项，命令行提示如下：

```
命令:_copy
选择对象:找到 1 个                                      //选取上面的下水孔
选择对象:                                              //回车结束选择
当前设置:复制模式=多个
指定基点或[位移(D)/模式(O)]<位移>:                      //单击圆心点
指定第二个点或[阵列(A)]<使用第一个点作为位移>:200        //向右水平输入距离 200
```

同理复制完成左边的下水孔，如图 3-28 所示。

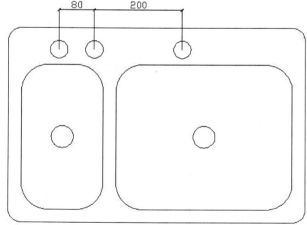

图 3-28　复制下水孔

5. 绘制水龙头

（1）选取"绘图"|"直线"选项，命令行提示如下：

```
命令:_line
指定第一个点:                                          //单击图 3-29 中的 A 点
指定下一点或[放弃(U)]:20                               //输入距离值 20,确定 B 点
指定下一点或[放弃(U)]:@ 130<80                         //输入 C 点相对极坐标
指定下一点或[闭合(C)/放弃(U)]:                          //回车
```

（2）选取"修改"|"偏移"选项,命令行提示如下:

```
命令:_offset                                          //激活偏移命令
当前设置:删除源=否    图层=源   OFFSETGAPTYPE=0
指定偏移距离或[通过(T)/删除(E)/图层(L)]<通过>:130      //输入偏移值 130
选择要偏移的对象,或[退出(E)/放弃(U)]<退出>:           //选择直线 AB
指定要偏移的那一侧上的点,或[退出(E)/多个(M)/放弃(U)]<退出>:   //单击上侧
选择要偏移的对象,或[退出(E)/放弃(U)]<退出>:           //回车完成偏移
```

（3）选取"修改"|"镜像"选项,命令行提示如下:

```
命令:_mirror                                          //激活镜像命令
选择对象:找到 1 个                                     //选取直线 BC
选择对象:
指定镜像线的第一点:                                    //选择直线 AB 中点
指定镜像线的第二点:                                    //选取直线 EF 中点
要删除源对象吗?[是(Y)/否(N)]<N>:                       //回车
```

镜像后效果如图 3-29 所示。

（4）选取"修改"|"圆角"选项,命令行提示如下:

```
命令:_fillet                                          //激活圆角命令
当前设置:模式=修剪,半径=0.0000
选择第一个对象或[放弃(U)/多段线(P)/半径(R)/修剪(T)/多个(M)]:R   //选择"半径"选项
指定圆角半径 <0.0000>:20                               //输入半径值 20
选择第一个对象或[放弃(U)/多段线(P)/半径(R)/修剪(T)/多个(M)]:M   //选择"多个"选项
选择第一个对象或[放弃(U)/多段线(P)/半径(R)/修剪(T)/多个(M)]:    //选择直线 AD
选择第二个对象,或按住 Shift 键选择对象以应用角点或[半径(R)]:    //选择直线 EF
```

同理对另一端进行圆角。

圆角后的水龙头图形,如图 3-30 所示。

图 3-29　镜像后效果

图 3-30　圆角后的水龙头图形

6. 移动水龙头

选取"修改"|"移动"选项,命令行提示如下:

```
命令:_move                                              //激活移动命令
选择对象:找到 1 个                                       //选择水龙头图形
选择对象:                                                //回车
指定基点或[位移(D)]<位移>:                               //捕捉水龙头上端中点,如图 3-31 所示
指定第二个点或<使用第一个点作为位移>:                    //捕捉圆心连线与直线中点的交点,回车
```

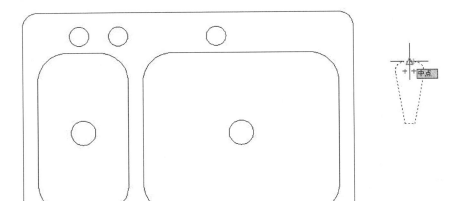

图 3-31　捕捉水龙头上端中心

移动水龙头结果如图 3-32 所示。

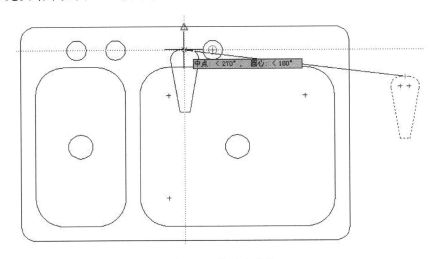

图 3-32　移动水龙头

7. 旋转水龙头

选取"修改"|"旋转"选项,命令行提示如下:

```
命令:_rotate                                              //激活旋转命令
UCS 当前的正角方向:  ANGDIR=逆时针  ANGBASE=0
选择对象:找到 1 个                                          //选取水龙头
选择对象:                                                   //回车
指定基点:                                        //选取水龙头左圆角的圆心点
指定旋转角度,或[复制(C)/参照(R)]<0>:30                   //输入旋转角度值
```

旋转水龙头结果如图 3-33 所示。

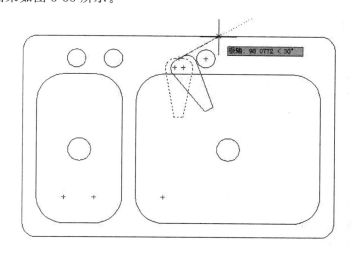

图 3-33　旋转水龙头

任务 6　绘制衣橱

知识要点

本实例使用矩形命令、偏移命令、阵列命令、旋转命令、修剪命令等来完成衣橱图形的绘制,如图 3-34 所示。

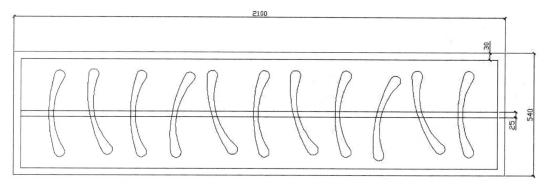

图 3-34　衣橱

操作步骤

1．创建一个新的图形文件

选取"文件"|"新建"命令,弹出"选择样板"对话框,选择"A3 建筑图模板"样板文件,单击"打开"按钮,创建一个新的绘图文件。

2．绘制衣橱轮廓图形

(1)单击下拉菜单栏中的"绘图"|"矩形"选项,命令行提示如下:

```
命令:_rectang
指定第一个角点或[倒角(C)/标高(E)/圆角(F)/厚度(T)/宽度(W)]:          //单击确定左下角点
指定另一个角点或[面积(A)/尺寸(D)/旋转(R)]:@2100,540               //输入相对坐标确定右上角点
```

(2)偏移操作。

```
命令:_offset
当前设置:删除源=否  图层=源  OFFSETGAPTYPE=0
指定偏移距离或[通过(T)/删除(E)/图层(L)]<通过>:30                  //输入偏移值
选择要偏移的对象,或[退出(E)/放弃(U)]<退出>:                      //选择矩形
指定要偏移的那一侧上的点,或[退出(E)/多个(M)/放弃(U)]<退出>:        //单击矩形内部
选择要偏移的对象,或[退出(E)/放弃(U)]<退出>:                      //回车
```

3．绘制衣橱挂衣杆

(1)选择下拉菜单栏中的"绘图"|"直线"选项,命令行提示如下:

```
命令:_line
指定第一个点:                                                  //捕捉衣橱左边中点
指定下一点或[放弃(U)]:                                          //捕捉衣橱右边中点
```

(2)偏移操作。

```
命令:_offset
当前设置:删除源=否  图层=源  OFFSETGAPTYPE=0
指定偏移距离或[通过(T)/删除(E)/图层(L)]<30.0000>:12.5            //输入偏移值
选择要偏移的对象,或[退出(E)/放弃(U)]<退出>:                      //选择直线
指定要偏移的那一侧上的点,或[退出(E)/多个(M)/放弃(U)]<退出>:        //单击上侧一点
选择要偏移的对象,或[退出(E)/放弃(U)]<退出>:                      //选择直线
指定要偏移的那一侧上的点,或[退出(E)/多个(M)/放弃(U)]<退出>:        //单击下侧一点
```

删除中间直线,衣橱挂衣杆绘制结果如图 3-35 所示。

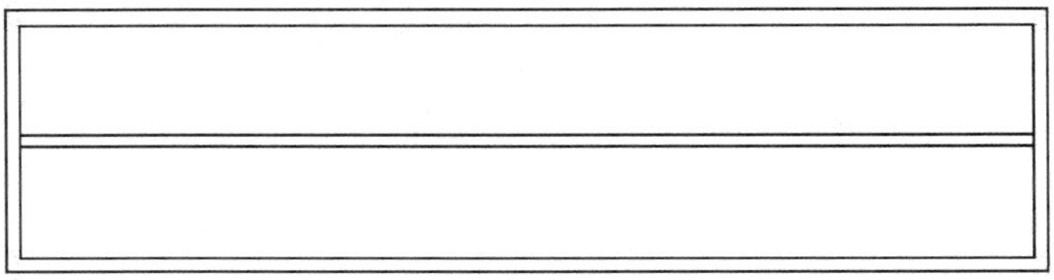

图 3-35　衣橱挂衣杆

4．绘制衣架图形

选取下拉菜单栏中的"绘图"|"圆"选项，命令行提示如下：

命令:_circle
指定圆的圆心或[三点(3P)/两点(2P)/切点、切点、半径(T)]:1350
　　　　　　　　　　　　　　//选取 AB 直线中心点向左追踪，输入距离值 1350，如图 3-36 所示
指定圆的半径或[直径(D)]:600　　　　　　　　　　　　　　　　　　　　//输入半径值
命令:_circle
指定圆的圆心或[三点(3P)/两点(2P)/切点、切点、半径(T)]:_from <偏移>:1640
　　　　//按住 Shift＋右键打开快捷菜单，选取"临时追踪点"，单击 AB 直线中点，输入距离值
指定圆的半径或[直径(D)]<600.0000>:290　　　　　　　　　　　　　//输入半径值 290

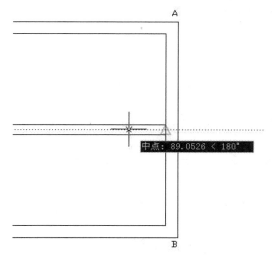

图 3-36　向左追踪

效果图如图 3-37 示。

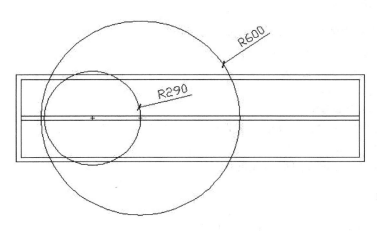

图 3-37　绘制两圆效果图

5. 修改衣架

(1) 选取下拉菜单栏中的"绘图"|"圆"|"切点、切点、半径"选项,命令行提示如下:

命令:_circle
指定圆的圆心或[三点(3P)/两点(2P)/切点、切点、半径(T)]:_ttr
指定对象与圆的第一个切点: //单击大圆上部
指定对象与圆的第二个切点: //单击小圆上部
指定圆的半径 <290.0000>:22   //输入半径值

(2) 重复上述命令,命令行提示如下:

命令:_circle
指定圆的圆心或[三点(3P)/两点(2P)/切点、切点、半径(T)]:_ttr
指定对象与圆的第一个切点: //单击大圆下部
指定对象与圆的第二个切点: //单击小圆下部
指定圆的半径 <22.0000>:22   //输入半径值

结果如图 3-38 所示。

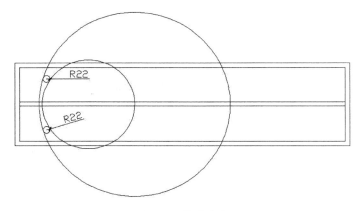

图 3-38　修改衣架

6. 修剪衣架多余弧线

选择下拉菜单栏中的"修改"|"修剪"选项,命令行提示如下:

命令:_trim   //激活修剪命令
当前设置:投影=UCS,边=无
选择剪切边…
选择对象或<全部选择>:   //回车
选择要修剪的对象,或按住 Shift 键选择要延伸的对象,或[栏选(F)/窗交(C)/投影(P)/边(E)/删
除(R)/放弃(U)]:   //单击要修剪的圆弧

同理继续修剪,完成效果图如图 3-39 所示。

7. 阵列衣架

选取"修改"|"阵列"选项,命令行提示如下:

命令:_array   //弹出"阵列"对话框,如图 3-40 所示

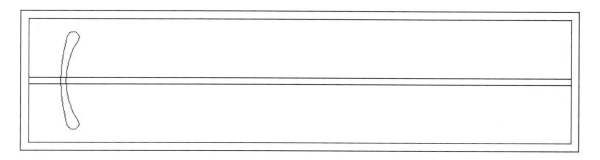

图 3-39 绘制完成一个衣架

//在"行数""列数"数值框中分别输入"1"和"11",在"列偏移"数值框中输入"175",单击"选择对象"
按钮,选取对象

选择对象:指定对角点:找到 4 个　　　　　　　　　　　　　　　　　//选择衣架

选择对象:　　　　　　　　　　　　　　　　　　　　　　　　　　　　//回车

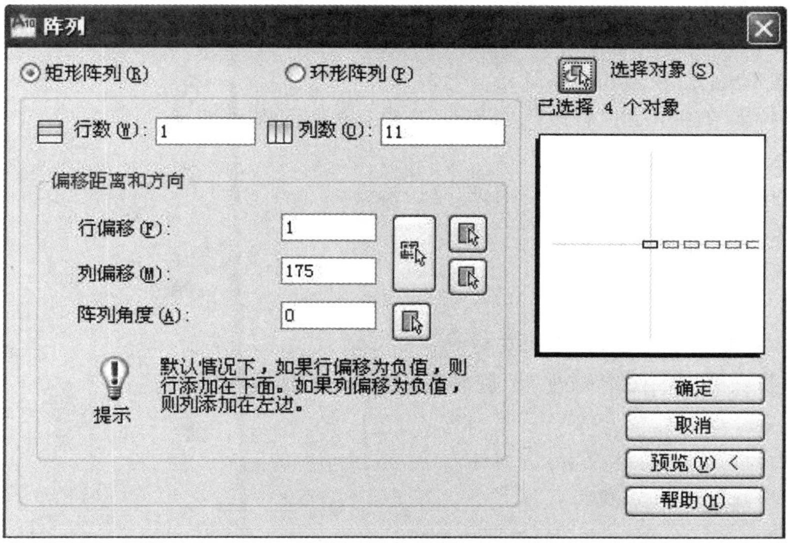

图 3-40 "阵列"对话框

单击"预览"按钮,观察阵列效果,如果正确,单击"确定"按钮,完成衣架图形阵列操作。结
果如图 3-41 所示。

8．分别旋转衣架

(1) 选取下拉菜单栏中的"修改"|"旋转"选项,命令行提示如下:

命令:_rotate

UCS 当前的正角方向:ANGDIR=逆时针　ANGBASE=0

选择对象:指定对角点:找到 4 个

选择对象:

指定基点:

指定旋转角度,或[复制(C)/参照(R)]<350>:15

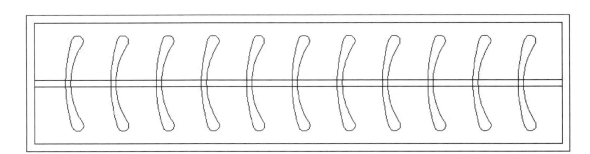

图 3-41　阵列后的衣架效果图

（2）选取下拉菜单栏中的"修改"|"旋转"选项，命令行提示如下：

命令：_rotate

UCS 当前的正角方向：ANGDIR=逆时针　ANGBASE=0

选择对象：指定对角点：找到 4 个

选择对象：

指定基点：

指定旋转角度，或［复制(C)/参照(R)］<15>:13

（3）选取下拉菜单栏中的"修改"|"旋转"选项，命令行提示如下：

命令：_rotate

UCS 当前的正角方向：ANGDIR=逆时针　ANGBASE=0

选择对象：指定对角点：找到 4 个

选择对象：

指定基点：

指定旋转角度，或［复制(C)/参照(R)］<13>:-12

（4）选取下拉菜单栏中的"修改"|"旋转"选项，命令行提示如下：

命令：_rotate

UCS 当前的正角方向：ANGDIR=逆时针　ANGBASE=0

选择对象：指定对角点：找到 4 个

选择对象：

指定基点：

指定旋转角度，或［复制(C)/参照(R)］<348>:17

选择几个衣架进行旋转，结果如图 3-42 所示。

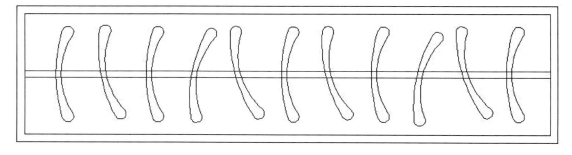

图 3-42　旋转后的衣架

单元小结

本单元通过 6 个实例详细地讲解了常用的绘图命令和修改命令的使用和操作技巧,介绍了这些命令的功能。读者可以参照实例的操作步骤,逐一进行绘图练习,将能够很快地掌握 AutoCAD 2015。

习题

1. 思考题

（1）复制命令与镜像命令有何区别?

（2）修剪命令与延伸命令有何区别与联系?

（3）多段线有哪些主要功能?

（4）圆角命令的作用是什么?

（5）环形阵列与矩形阵列各适用于哪些情况?

（6）旋转命令中复制(C)/参照(R)选项各有什么用途?

（7）移动命令中的位移选项应该如何使用?

（8）矩形阵列命令的列偏移和行偏移可以输入负值吗? 输入负值结果如何?

（9）在绘图时对象捕捉中的捕捉"自"选项有什么用途?

（10）在绘图时对象捕捉中的捕捉"临时追踪点"选项有什么用途?

2. 将左侧的命令与右侧的功能连接起来

ERASE	镜像
MIRROR	复制
COPY	删除
ARRAY	阵列
EXPLODE	修剪
TRIM	延伸
EXTEND	圆角
FILLET	分解
STRETCH	拉伸
SCALE	缩放
CHAMFER	旋转
MOVE	移动
ROTATE	倒角

3. 选择题

（1）移动命令的快捷键是（　　）。

　　A. RO　　　　　　B. M　　　　　　C. CO　　　　　　D. SC

（2）运用延伸命令延伸对象时,在"选择延伸的对象"提示下,按住（　　）键,可以由延伸对象状态变为修剪对象状态。

　　A. Alt　　　　　　B. Ctrl　　　　　　C. Shift　　　　　　D. 以上均可

（3）分解命令 EXPLODE 可分解的对象有（　　）。

A. 尺寸标注　　　　　B. 块　　　　　　　C. 多段线　　　　　　D. 图案填充

E. 以上均可

（4）设置图形界限的命令是（　　）。

A. SNAP　　　　　　B. LIMITS　　　　　C. UNITS　　　　　　D. GRID

（5）当使用移动命令和复制命令编辑对象时，两个命令具有的相同功能是（　　）。

A. 对象的尺寸不变　　　　　　　　　B. 对象的方向被改变了

C. 原实体保持不变,增加了新的实体　　D. 对象的基点必须相同

4. 绘图题

（1）绘制运动场平面图,如图 3-43 所示。

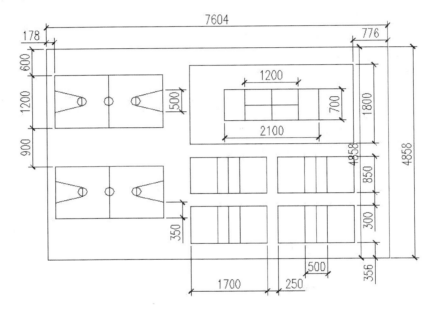

图 3-43　运动场平面图

（2）绘制沙发,如图 3-44 所示。

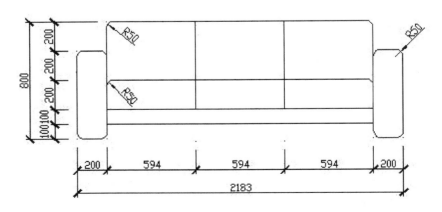

图 3-44　沙发

106

（3）绘制特殊图形，如图 3-45 所示。

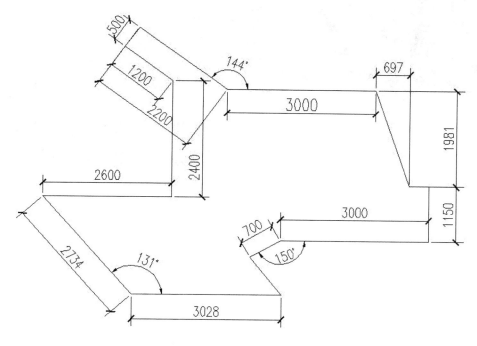

图 3-45　特殊图形

（4）绘制楼梯，如图 3-46 所示。

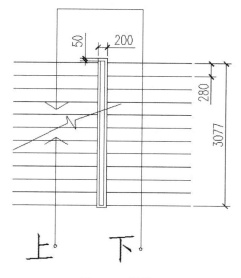

图 3-46　楼梯

单 元 4

绘制平面图

单元导读

利用前两单元介绍的二维基本绘图命令和图形编辑命令,可以完成单个实体的绘制,满足制图的一般需求。但实际绘制工程图时,经常要按照实际比例准确地绘图,同时还要求对于图形进行布置。

本单元首先介绍办公室常用设备图形的绘制,最后绘制办公室平面布置图。

任务 1 绘制办公椅

知识要点

使用矩形命令、直线命令、镜像命令、偏移命令和修剪命令,来完成办公椅图形的绘制。绘制结果如图 4-1 所示。

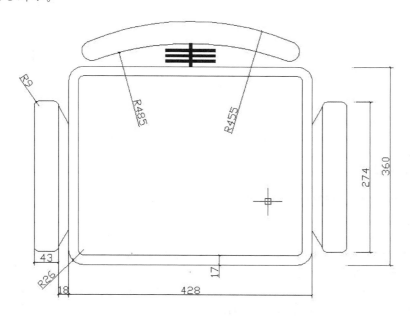

图 4-1　办公椅

操作步骤

1. 创建图形文件

选取"文件"|"新建"命令,弹出"选择样板"对话框,选择"A3 建筑图模板"样板文件,单击"打开"按钮,创建一个新的绘图文件。

2. 绘制办公椅面图形

(1) 选择下拉菜单栏中的"绘图"|"矩形"选项,命令行提示如下:

```
命令:_rectang                                              //激活矩形命令
指定第一个角点或[倒角(C)/标高(E)/圆角(F)/厚度(T)/宽度(W)]:F    //选择"圆角"选项
指定矩形的圆角半径 <0.0000>:26                                //输入半径值
指定第一个角点或[倒角(C)/标高(E)/圆角(F)/厚度(T)/宽度(W)]:      //单击确定左下角点
指定另一个角点或[面积(A)/尺寸(D)/旋转(R)]:@428,360              //输入右上角相对坐
```

（2）使用偏移命令。

```
命令:_offset                                          //激活偏移命令
当前设置:删除源=否  图层=源  OFFSETGAPTYPE=0
指定偏移距离或[通过(T)/删除(E)/图层(L)]<通过>:17            //输入偏移距离
选择要偏移的对象,或[退出(E)/放弃(U)]<退出>:                 //选取矩形
指定要偏移的那一侧上的点,或[退出(E)/多个(M)/放弃(U)]<退出>:  //单击内侧
选择要偏移的对象,或[退出(E)/放弃(U)]<退出>:                 //回车
```

效果如图 4-2 所示。

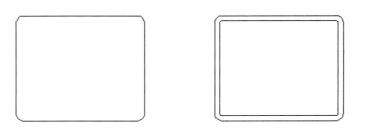

图 4-2　绘制办公椅面图形

3. 绘制椅子扶手

选择下拉菜单栏中的"绘图"|"矩形"选项,命令行提示如下:

```
命令:_rectang                                         //激活矩形命令
当前矩形模式:圆角= 26.0000
指定第一个角点或[倒角(C)/标高(E)/圆角(F)/厚度(T)/宽度(W)]:F       //选择"圆角"选项
指定矩形的圆角半径 <26.0000>:9                           //输入半径值 9
指定第一个角点或[倒角(C)/标高(E)/圆角(F)/厚度(T)/宽度(W)]:_from <偏移>:@-44,-3
            //按 Shift+右键,选择捕捉"自",单击图 4-3 中的圆心 A 点,输入图 4-3 中的 B 点坐标
指定另一个角点或[面积(A)/尺寸(D)/旋转(R)]:@-43,274        //输入图 4-3 中的 C 点坐标
```

效果如图 4-3 所示。

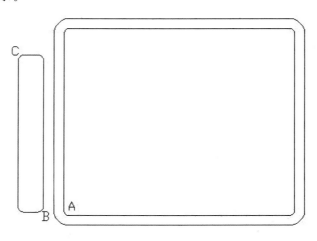

图 4-3　绘制椅子扶手

4．绘制扶手连线

（1）绘制直线。

命令：_line	//激活直线命令
指定第一个点：	//捕捉图 4-4 中的 A 点
指定下一点或［放弃(U)］：@36<60	//输入图 4-4 中的 B 点极坐标
指定下一点或［放弃(U)］：	//回车

（2）绘制直线。

命令：_line	//激活直线命令
指定第一个点：	//捕捉图 4-4 中的 C 点
指定下一点或［放弃(U)］：@36<-60	//输入图 4-4 中的 D 点极坐标
指定下一点或［放弃(U)］：	//回车

（3）镜像操作。

命令：_mirror	//激活镜像命令
选择对象：指定对角点：找到 6 个	//选择对象
选择对象：指定镜像线的第一点：指定镜像线的第二点：	//选取矩形上边和下边中点
要删除源对象吗？［是(Y)/否(N)］<N>：	//回车

绘制完成的椅子扶手效果如图 4-4 所示。

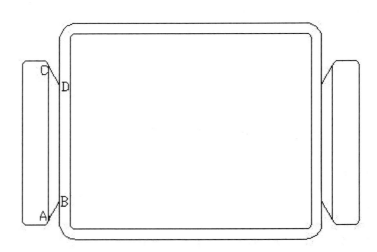

图 4-4　绘制椅子扶手

5．绘制椅子靠背

（1）绘制圆。

命令：_circle	
指定圆的圆心或［三点(3P)/两点(2P)/切点、切点、半径(T)］：_tt	//临时追踪
指定临时对象追踪点：	//单击大矩形上边中点
指定圆的圆心或［三点(3P)/两点(2P)/切点、切点、半径(T)］：443	
	//向下追踪,输入距离值,确定圆心
指定圆的半径或［直径(D)］：485	//输入半径值

（2）绘制圆。

```
命令:_circle
指定圆的圆心或[三点(3P)/两点(2P)/切点、切点、半径(T)]:_tt          //临时追踪
指定临时对象追踪点:                                          //单击大矩形上边中点
指定圆的圆心或[三点(3P)/两点(2P)/切点、切点、半径(T)]:373  //向下追踪,输入距离值,确定圆心
指定圆的半径或[直径(D)]<485.0000>:455                       //输入半径值
```

效果如图4-5所示。

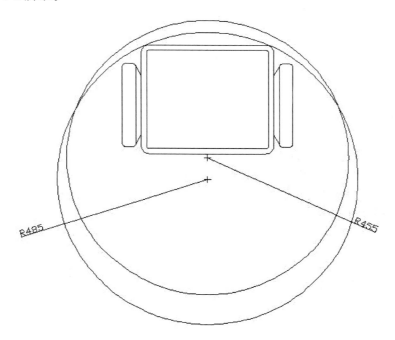

图4-5　绘制椅子靠背

6. 修改椅子靠背

（1）绘制圆。

```
命令:_circle
指定圆的圆心或[三点(3P)/两点(2P)/切点、切点、半径(T)]:_ttr
                                              //选择画圆"切点、切点、半径"选项
指定对象与圆的第一个切点:                        //选取与外侧圆的切点
指定对象与圆的第二个切点:                        //选取与内侧圆的切点
指定圆的半径 <455.0000>:17.5                     //输入半径值
```
（2）绘制圆。
```
命令:_circle
指定圆的圆心或[三点(3P)/两点(2P)/切点、切点、半径(T)]:_ttr
                                              //选择画圆"切点、切点、半径"选项
指定对象与圆的第一个切点:                        //选取与外侧圆的切点
指定对象与圆的第二个切点:                        //选取与内侧圆的切点
指定圆的半径 <17.5000>:17.5                      //输入半径值
```

效果如图 4-6 所示。

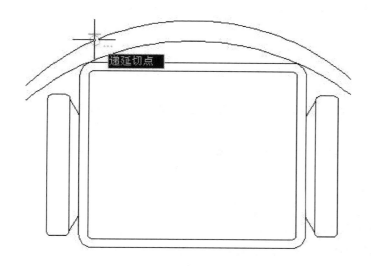

图 4-6　绘圆

（3）选择"修剪"命令，修剪多余的圆弧，效果如图 4-7 所示。

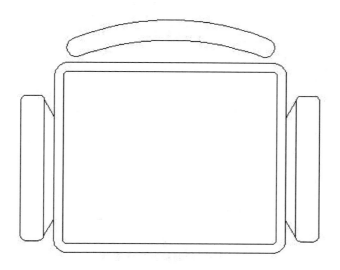

图 4-7　修改完成的椅子靠背

7.绘制椅背支撑部件

（1）绘制多段线。

```
命令：_pline                                      //激活多段线命令
指定起点：                                        //单击外侧矩形上边中点
当前线宽为 0.0000
指定下一个点或[圆弧(A)/半宽(H)/长度(L)/放弃(U)/宽度(W)]：W        //选择线宽选项
指定起点宽度 <0.0000>:5                           //输入起点线宽
指定端点宽度 <5.0000>:                            //输入终点线宽
```

指定下一个点或[圆弧(A)/半宽(H)/长度(L)/放弃(U)/宽度(W)]:   //单击内圆弧中点

指定下一点或[圆弧(A)/闭合(C)/半宽(H)/长度(L)/放弃(U)/宽度(W)]:   //单击大矩形中点

（2）绘制多段线。

命令：_pline   //激活多段线命令

指定起点：_from 基点：<偏移>：@-44,10   //选取多段线中点,输入偏移值得到起点

当前线宽为 5.0000

指定下一个点或[圆弧(A)/半宽(H)/长度(L)/放弃(U)/宽度(W)]:88

                                       //向右沿极轴水平,输入距离值

指定下一点或[圆弧(A)/闭合(C)/半宽(H)/长度(L)/放弃(U)/宽度(W)]:   //回车

（3）偏移操作。

命令：_offset   //激活偏移命令

当前设置：删除源=否   图层=源   OFFSETGAPTYPE=0

指定偏移距离或[通过(T)/删除(E)/图层(L)]<通过>:10   //输入偏移距离

选择要偏移的对象，或[退出(E)/放弃(U)]<退出>:   //选择刚刚绘制的多段线,向下偏移两次

指定要偏移的那一侧上的点，或[退出(E)/多个(M)/放弃(U)]<退出>:   //回车结束操作

最终绘制效果如图 4-8 所示。

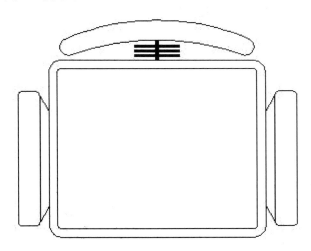

图 4-8　绘制椅背支撑部件

任务 2 绘制电脑

知识要点

使用矩形命令、直线命令、圆命令、修剪命令，来完成电脑图形的绘制。绘制结果如图 4-9 所示。

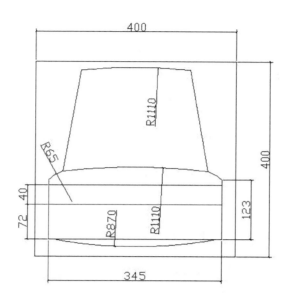

图 4-9 电脑的绘制

操作步骤

1. 创建图形文件

选取"文件"|"新建"命令,弹出"选择样板"对话框,选取"A3 建筑图模板"样板文件,单击"打开"按钮,创建一个新的绘图文件。

2. 绘制外框图形

选择下拉菜单栏中的"绘图"|"矩形"选项,命令行提示如下:

```
命令:_rectang                                              //激活矩形命令
指定第一个角点或[倒角(C)/标高(E)/圆角(F)/厚度(T)/宽度(W)]:      //单击确定左下角点
指定另一个角点或[面积(A)/尺寸(D)/旋转(R)]:@400,400              //输入右上角相对坐标值
```

3. 绘制显示器轮廓图形

```
命令:_pline                                                //激活多段线命令
指定起点:_from <偏移>:@-27.5,35
                           //单击图 4-10 中的 A 点,输入偏移值,确定图 4-10 中的 B 点
当前线宽为 0.0000
指定下一个点或[圆弧(A)/半宽(H)/长度(L)/放弃(U)/宽度(W)]:123
                           //沿图 4-10 中的 B 点向上输入距离值,得到 C 点
指定下一点或[圆弧(A)/闭合(C)/半宽(H)/长度(L)/放弃(U)/宽度(W)]:A   //选取"圆弧"选项
指定圆弧的端点(按住 Ctrl 键以切换方向)或[角度(A)/圆心(CE)/闭合(CL)/方向(D)/半宽(H)/
直线(L)/半径(R)/第二个点(S)/放弃(U)/宽度(W)]:R                  //选取"半径"选项
```

指定圆弧的半径:65   //输入半径值

指定圆弧的端点(按住 Ctrl 键以切换方向)或[角度(A)]:@-27.5,17

//输入图 4-10 中的 D 点相对坐标

指定圆弧的端点(按住 Ctrl 键以切换方向)或[角度(A)/圆心(CE)/闭合(CL)/方向(D)/半宽(H)/
直线(L)/半径(R)/第二个点(S)/放弃(U)/宽度(W)]:R   //选取"半径"选项

指定圆弧的半径:1110   //输入半径值

指定圆弧的端点(按住 Ctrl 键以切换方向)或[角度(A)]:@-290,0

//输入图 4-10 中的 E 点相对坐标

指定圆弧的端点(按住 Ctrl 键以切换方向)或[角度(A)/圆心(CE)/闭合(CL)/方向(D)/半宽(H)/
直线(L)/半径(R)/第二个点(S)/放弃(U)/宽度(W)]:R   //选取"半径"选项

指定圆弧的半径:65   //输入半径值

指定圆弧的端点(按住 Ctrl 键以切换方向)或[角度(A)]:@-27.5,-17

//输入图 4-10 中的 F 点相对坐标

指定圆弧的端点(按住 Ctrl 键以切换方向)或[角度(A)/圆心(CE)/闭合(CL)/方向(D)/半宽(H)/
直线(L)/半径(R)/第二个点(S)/放弃(U)/宽度(W)]:L   //选取"直线"选项

指定下一点或[圆弧(A)/闭合(C)/半宽(H)/长度(L)/放弃(U)/宽度(W)]:123

//沿图 4-10 中的 F 点向下输入距离值,得到图 4-10 中的 G 点

指定下一点或[圆弧(A)/闭合(C)/半宽(H)/长度(L)/放弃(U)/宽度(W)]:C   //选择"闭合"选项

绘制效果如图 4-10 所示。

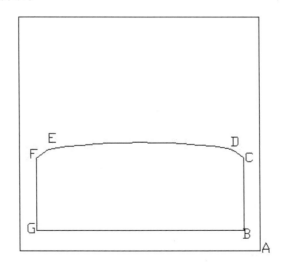

图 4-10   绘制显示器轮廓图形

4. 继续绘制显示器轮廓图形

(1)绘制直线。

命令:_line   //激活直线命令

指定第一个点: //单击图 4-11 中的 A 点

指定下一点或[放弃(U)]:@210<80   //输入图 4-11 中的 B 点极坐标

指定下一点或[放弃(U)]:   //完成直线 AB

（2）绘制直线。

命令:_line	//激活直线命令
指定第一个点:	//单击图 4-11 中的 C 点
指定下一点或[放弃(U)]:@210<100	//极坐标输入图 4-11 中的 D 点
指定下一点或[放弃(U)]:	//完成直线 CD

（3）绘制圆弧。

命令:_arc 指定圆弧的起点或[圆心(C)]:	
	//选择画圆"起点、端点、半径"选项,选择图 4-11 中的 D 点为起点
指定圆弧的第二个点或[圆心(C)/端点(E)]:_e	
指定圆弧的端点:	//单击 B 点
指定圆弧的中心点(按住 Ctrl 键以切换方向)或[角度(A)/方向(D)/半径(R)]:_r	
指定圆弧的半径(按住 Ctrl 键以切换方向):1110	//输入半径值

效果如图 4-11 所示。

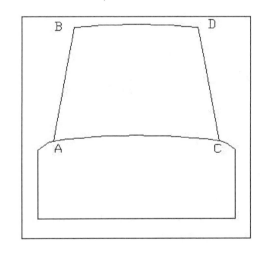

图 4-11　绘制圆弧

（4）绘制直线。

命令:_line	
指定第一个点:72	//沿图 4-12 中的 A 点向上追踪,输入 72,确定图 4-12 中的 B 点
指定下一点或[放弃(U)]:	//水平向右捕捉图 4-12 中的垂足 C 点,完成 BC 直线

（5）偏移操作。

命令:_offset	//激活偏移命令
当前设置:删除源=否　图层=源　OFFSETGAPTYPE=0	
指定偏移距离或[通过(T)/删除(E)/图层(L)]<通过>:40	//输入偏移值,完成偏移
选择要偏移的对象,或[退出(E)/放弃(U)]<退出>:	//选择图 4-12 中的直线 BC
指定要偏移的那一侧上的点,或[退出(E)/多个(M)放弃(U)]<退出>:	//单击直线 BC 上方的一点

效果如图 4-12 所示。

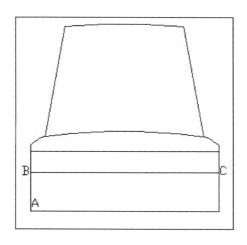

图 4-12　绘制和偏移直线

5. 绘制显示屏圆弧

（1）绘制圆。

```
命令:_circle
指定圆的圆心或[三点(3P)/两点(2P)/切点、切点、半径(T)]:855
                              //捕捉屏幕前面板直线中点,沿极轴向上追踪855,确定圆心
指定圆的半径或[直径(D)]:870                              //输入圆半径870
```

（2）剪切操作。

```
命令:_trim
当前设置:投影=UCS,边=无
选择剪切边…
选择对象或<全部选择>:
选择要修剪的对象,或按住Shift键选择要延伸的对象,或[栏选(F)/窗交(C)/投影(P)/边(E)/删
除(R)/放弃(U)]:                              //单击要修剪的对象
```

最终绘制效果如图 4-13 所示。

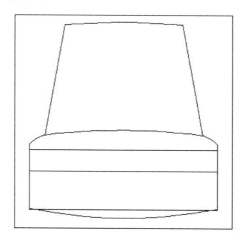

图 4-13　绘制显示屏圆弧

任务 3 绘制电脑桌

知识要点

使用直线命令、圆角命令、修剪命令来完成电脑桌图形的绘制。绘制结果如图 4-14 所示。

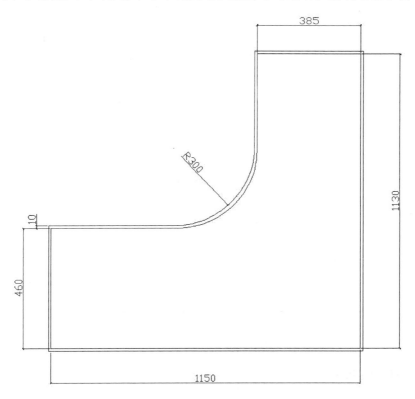

图 4-14 电脑桌

操作步骤

1. 创建图形文件

选取"文件"|"新建"命令，弹出"选择样板"对话框，选取"A3 建筑图模板"样板文件，单击"打开"按钮，创建一个新的绘图文件。

2. 绘制电脑桌图形

打开正交开关，选择下拉菜单栏中的"绘图"|"直线"选项，命令行提示如下：

```
命令:_line                              //激活直线命令
指定第一个点：                           //单击确定图 4-15 中的 A 点
指定下一点或[放弃(U)]:1150               //单击确定 B 点
```

指定下一点或[放弃(U)]:1130   //单击确定 C 点
指定下一点或[闭合(C)/放弃(U)]:385   //单击确定 D 点
指定下一点或[闭合(C)/放弃(U)]:670   //单击确定 E 点
指定下一点或[闭合(C)/放弃(U)]:765   //单击确定 F 点
指定下一点或[闭合(C)/放弃(U)]:C   //选择"闭合"选项

效果如图 4-15 所示。

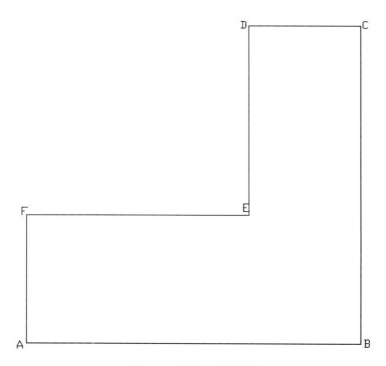

图 4-15   绘制电脑桌图形

3.绘制桌面上的圆角

选择下拉菜单栏中的"绘图"|"边界"选项,命令行提示如下:

(1)绘制边界。

命令:_boundary   //激活边界命令
拾取内部点:正在选择所有对象…
正在选择所有可见对象…
正在分析所选数据…
正在分析内部孤岛…
拾取内部点: //单击"边界创建"对话框中的"拾取点"按钮,在图形内部单击
BOUNDARY 已创建 1 个多段线   //创建 1 个多段线图形

(2)偏移操作。

命令:_offset   //激活偏移命令
指定偏移距离或[通过(T)/删除(E)/图层(L)]<通过>:10   //指定偏移距离
选择要偏移的对象,或[退出(E)/放弃(U)]<退出>:   //选择多段线
指定要偏移的那一侧上的点,或[退出(E)/多个(M)/放弃(U)]<退出>:   //在外部单击

偏移效果如图 4-16 所示。

图 4-16　偏移电脑桌边框

4. 绘制电脑桌的圆角

选择下拉菜单栏中的"修改"|"圆角"选项,命令行提示如下:

```
命令:_fillet                                              //激活圆角命令
当前设置:模式=修剪,半径=0.0000
选择第一个对象或[放弃(U)/多段线(P)/半径(R)/修剪(T)/多个(M)]:R    //选择"半径"选项
指定圆角半径 <0.0000>:300                                 //输入半径值
选择第一个对象或[放弃(U)/多段线(P)/半径(R)/修剪(T)/多个(M)]:      //选择水平边
选择第二个对象,或按住 Shift 键选择对象以应用角点或[半径(R)]:       //选择垂直边
```

重复修剪,效果如图 4-17 所示。

5. 完成电脑桌

选择下拉菜单栏中的"修改"|"修剪"选项,命令行提示如下:

```
命令:_trim                                               //激活修剪命令
当前设置:投影=UCS,边=无
选择剪切边…
选择对象或<全部选择>:                                      //回车,选择全部对象
选择要修剪的对象,或按住 Shift 键选择要延伸的对象,或[栏选(F)/窗交(C)/投影(P)/边(E)/删
除(R)/放弃(U)]:                                          //修剪多余线条
```

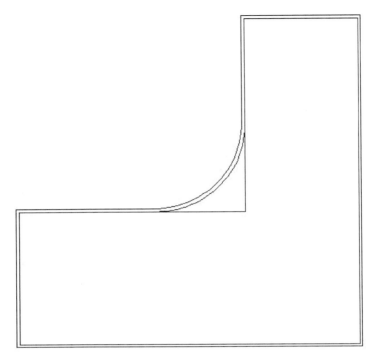

图 4-17　绘制电脑桌的圆角

最终电脑桌绘制效果如图 4-18 所示。

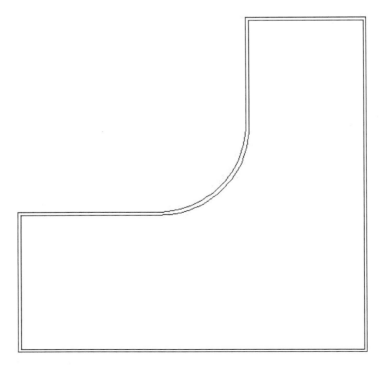

图 4-18　绘制完成的电脑桌效果图

任务 4 绘制电脑桌布置图

知识要点

使用创建块命令、插入块命令、移动命令、旋转命令、比例命令,来完成电脑桌布置图形的绘制,绘制结果如图 4-19 所示。

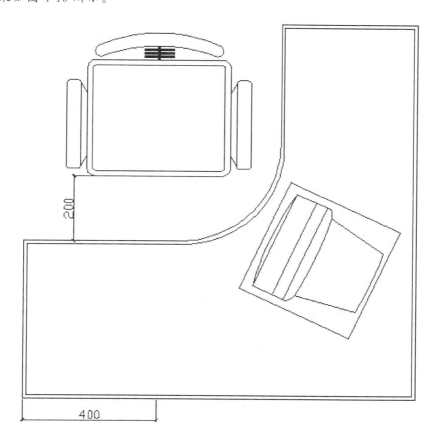

图 4-19 电脑桌布置图

操作步骤

(1)创建办公椅、电脑、电脑桌图块。打开图 4-8 所示的办公椅,在命令行中输入"W",系统弹出"写块"对话框。

定义对象基点:单击"拾取点"按钮,选取办公椅下边中点为"基点"。

选择对象:单击"选择对象"按钮,选取办公椅。

在"文件名和路径"栏中输入"C:\Documents\办公椅"。

单击"确定"按钮,如图 4-20 所示,完成块定义。

图 4-20　办公椅图块的创建

　　同理,打开电脑、电脑桌图形,使用"写块"命令完成电脑、电脑桌的块定义。

　　(2)创建图形文件。选取"文件"｜"新建"命令,弹出"选择样板"对话框,选取"A3 建筑图模板"样板文件,单击"打开"按钮,创建一个新的绘图文件。

　　(3)创建电脑桌布置图形文件。选取"文件"｜"另存为"命令,打开"图形另存为"对话框,在"文件名"栏中输入"电脑桌布置",单击"保存"按钮。

　　说明:以 BLOCK 命令定义的图块只能插到当前图形中,以 WBLOCK 命令保存的图块可以插到当前图形,也可以插到其他图形中。

　　(4)插入"办公椅"块。选取"插入"｜"块"选项,打开"插入"对话框,如图 4-21 所示。

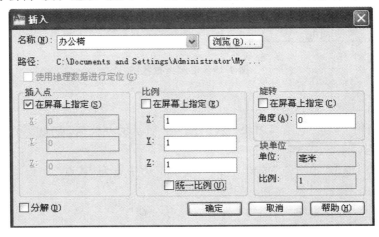

图 4-21　插入"办公椅"块

单击"浏览"按钮,找到使用"写块"对话框定义的"办公椅"图块,单击"确定"按钮插入完成。同理,分别插入"电脑桌"和"电脑",效果如图 4-22 所示。

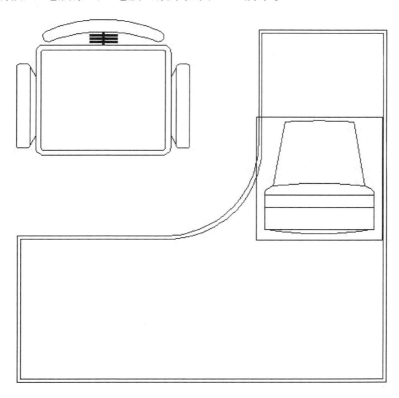

图 4-22 "电脑桌"和"电脑"效果图

(5)移动布置办公椅。

选择下拉菜单栏中的"修改"|"移动"选项,命令行提示如下:

命令:_move	//激活移动命令
选择对象:找到 1 个	//选择办公椅
选择对象:	//回车
指定基点或[位移(D)]<位移>:	//选择椅面下边中点
指定第二个点或<使用第一个点作为位移>:_from 基点:<偏移>:@400,200	
	//选择捕捉"自",单击图 4-23 中的 A 点,输入偏移值

效果如图 4-23 所示。

(6)移动布置电脑。

选择下拉菜单栏中的"修改"|"移动"选项,命令行提示如下:

命令:_move	//激活移动命令
选择对象:找到 1 个	//选择电脑
选择对象:	//回车
指定基点或[位移(D)]<位移>:	//选择电脑下边中点
指定第二个点或<使用第一个点作为位移>:_from 基点:<偏移>:@-450,500	
	//选择捕捉"自",单击图 4-24 中的 B 点,输入偏移值

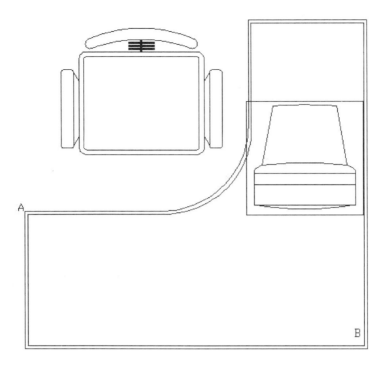

图 4-23　移动布置办公椅

效果如图 4-24 所示。

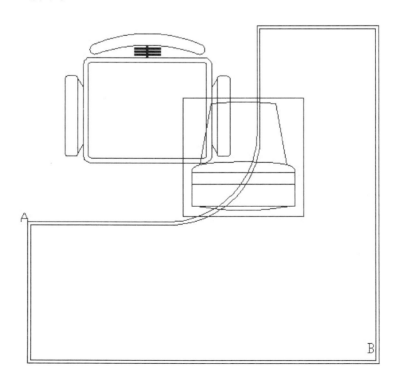

图 4-24　移动布置电脑

（7）旋转布置电脑。

选择下拉菜单栏中的"修改"|"旋转"选项,命令行提示如下：

```
命令:_rotate                                          //激活旋转命令
UCS当前的正角方向:ANGDIR=逆时针   ANGBASE=0
选择对象:找到1个                                      //选取电脑
选择对象:                                            //回车
指定基点:                                            //选择电脑屏幕底边中点
指定旋转角度,或[复制(C)/参照(R)]<0>:-115             //输入旋转角度值
```

效果如图4-25所示。

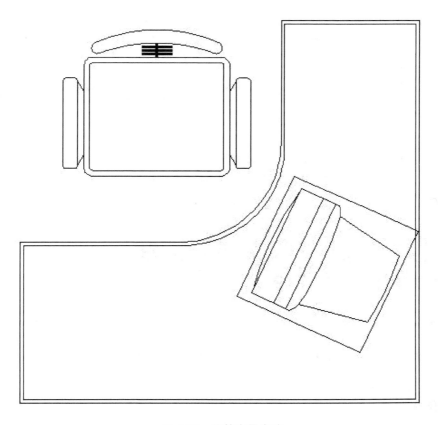

图4-25　旋转布置电脑

（8）修改电脑比例。

选择下拉菜单栏中的"修改"|"比例",命令行提示如下：

```
命令:_scale                                          //激活比例命令
选择对象:找到1个                                      //选取电脑
选择对象:                                            //回车
指定基点:                                            //捕捉电脑屏幕底边中点
指定比例因子或[复制(C)/参照(R)]<1.0000>:0.9           //输入比例因子
```

完成电脑桌布置图形的全部操作,效果如图4-26所示。

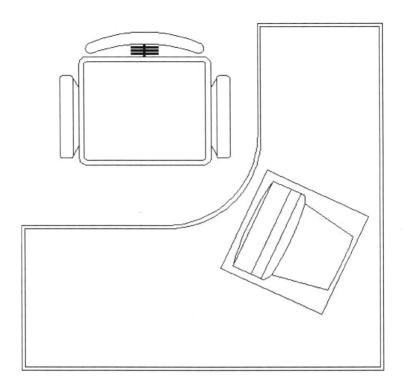

图 4-26　修改电脑比例

任务 5　绘制办公室墙体图

知识要点

使用多线命令、偏移命令、移动命令、复制命令等,来完成办公室墙体图形的绘制,绘制结果如图 4-27 所示。

操作步骤

(1) 创建图形文件。选取"文件"|"新建"命令,弹出"选择样板"对话框,选取"A3 建筑图模板"样板文件,单击"打开"按钮,创建一个新的绘图文件。

(2) 创建墙体图形文件。选取"文件"|"另存为"选项,打开"图形另存为"对话框,在"文件名"栏中输入"办公室墙体",单击"保存"按钮。

(3) 选取"格式"|"图形界限"选项,设置图形界限,命令行提示如下:

```
命令:'_limits                                              //激活图形界限命令
重新设置模型空间界限:
指定左下角点或[开(ON)/关(OFF)]<0.0000,0.0000>:          //回车
指定右上角点 <420.0000,297.0000>:30000,25000            //输入右上角点绝对坐标值
命令:'_zoom                                               //激活缩放命令
```

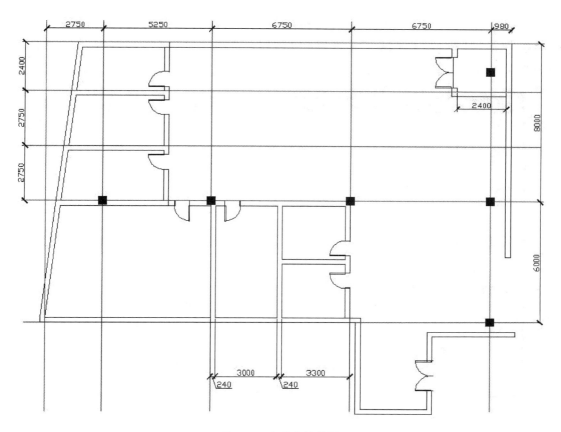

图 4-27　办公室墙体图

指定窗口的角点,输入比例因子 (nX 或 nXP),或者

[全部 (A)/中心 (C)/动态 (D)/范围 (E)/上一个 (P)/比例 (S)/窗口 (W)/对象 (O)]<实时>:_all

　　　　　　　　　　　　　　　　　　　　　　　　　//显示全部图形范围

正在重新生成模型。

　　(4) 设置图层。选取"格式"│"图层"菜单命令,弹出"图层特性管理器"对话框,分别设置 4 个图层,设置结果如图 4-28 所示。

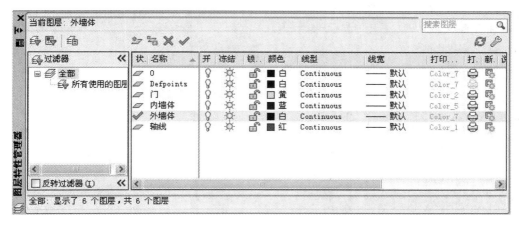

图 4-28　设置图层

（5）设置多线样式。选取"格式"｜"多线样式"菜单命令,弹出"多线样式"对话框。单击"新建"按钮,弹出"创建新的多线样式"对话框,在"新样式名"文本框中输入多线样式名"墙体",单击"继续"按钮,弹出"新建多线样式:墙体 1"对话框,开始设置多线样式,如图 4-29 所示。

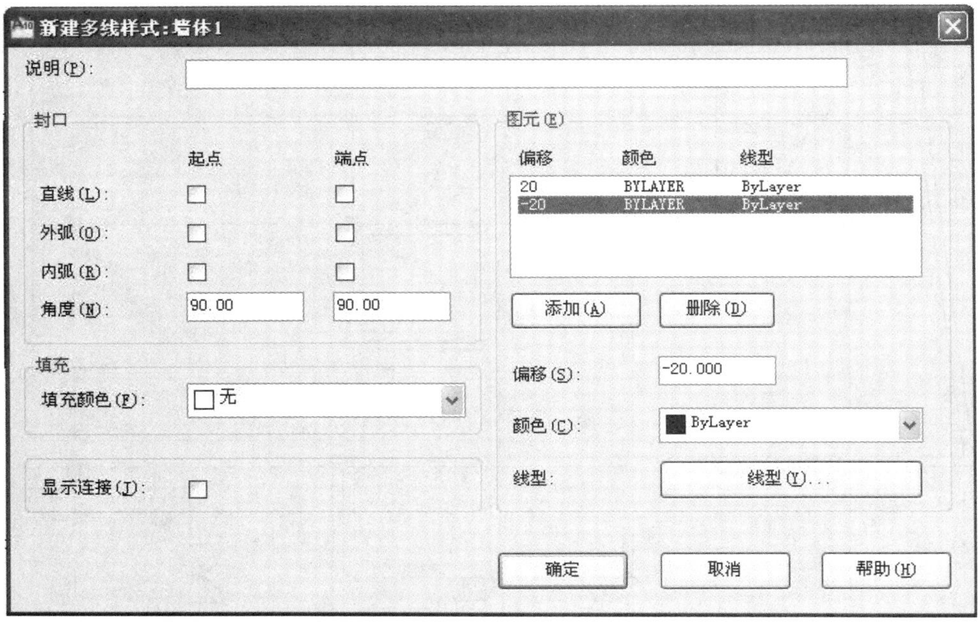

图 4-29　设置多线样式

（6）绘制下部外墙体图形。

打开正交开关,设置"外墙体"图层为当前层,选择"绘图"｜"多线"选项,命令行提示如下:

```
命令:_mline                                        //激活多线命令
当前设置:对正=上,比例=20.00,样式=墙体
指定起点或[对正(J)/比例(S)/样式(ST)]:J            //选择"对正"选项
输入对正类型 [上(T)/无(Z)/下(B)]<上>:T            //选择"上"选项
当前设置:对正=上,比例=20.00,样式=墙体
指定起点或[对正(J)/比例(S)/样式(ST)]:S            //选择"比例"选项
输入多线比例 <20.00>:6                             //输入比例值
当前设置:对正=上,比例=6.00,样式=墙体
指定起点或[对正(J)/比例(S)/样式(ST)]:             //单击确定图 4-30 中的 A 点
指定下一点:15250                                   //向右追踪,输入距离确定 B 点
指定下一点或[放弃(U)]:4645                         //向下追踪,输入距离确定 C 点
指定下一点或[闭合(C)/放弃(U)]:3240                 //向右追踪,输入距离确定 D 点
指定下一点或[闭合(C)/放弃(U)]:3895                 //向上追踪,输入距离确定 E 点
指定下一点或[闭合(C)/放弃(U)]:4230                 //向右追踪,输入距离确定 F 点
指定下一点或[闭合(C)/放弃(U)]:                     //回车,结束绘制
```

绘制下部外墙体图形的效果如图 4-30 所示。

图 4-30　绘制下部外墙体图形

（7）绘制上部外墙体图形。

选择"绘图"|"多线"选项，打开正交开关，开始绘制上部外墙体图形。

```
命令:_mline                                                    //激活多线命令
当前设置:对正=上,比例=6.00,样式=墙体
指定起点或[对正(J)/比例(S)/样式(ST)]:_from 基点:@-480,3750
                              //单击图 4-31 中的 F 点,输入偏移值,得到图 4-31 中的 A 点
指定下一点:10410                              //向上追踪,输入距离确定 B 点
指定下一点或[放弃(U)]:20500                    //向左追踪,输入距离确定 C 点
指定下一点或[闭合(C)/放弃(U)]:                              //单击 D 点
指定下一点或[闭合(C)/放弃(U)]:                              //单击 E 点
```

效果如图 4-31 所示。

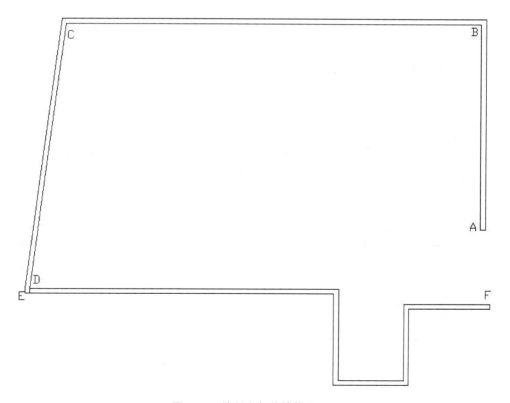

图 4-31　绘制上部外墙体图形

（8）绘制内部墙体图形。选择"绘图"|"多线"菜单选项，打开正交开关，设置"内墙体"图层为当前层，命令行提示如下：

① 绘制多线。

```
命令:_mline
当前设置:对正=上,比例=6.00,样式=墙体
指定起点或[对正(J)/比例(S)/样式(ST)]:
指定下一点:                                    //参照尺寸绘制内部墙体
```

② 选择"修改"|"对象"|"多线"选项，弹出"多线编辑工具"对话框，如图 4-32 所示。选择"T形打开"工具，对内墙体与外墙体进行修改操作。

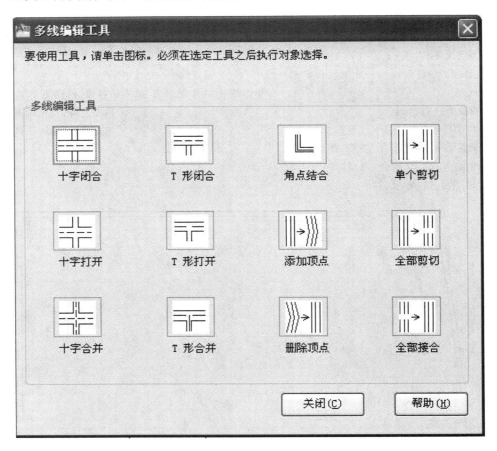

图 4-32　"多线编辑工具"对话框

修改效果如图 4-33 所示。

（9）绘制门图形。设置"门"图层为当前层，单击"工具选项板窗口"按钮，弹出工具选项板对话框。单击"建筑"选项卡，选择"门-公制"，如图 4-34 所示，将其拖放到绘图窗口中，如图 4-35（a）所示。单击图标▼，选择"打开 90 度"选项，效果如图 4-35（b）所示。

（10）选择"修改"|"复制"菜单选项，复制门到内部墙体的相应部位，结果如图 4-36 所示。

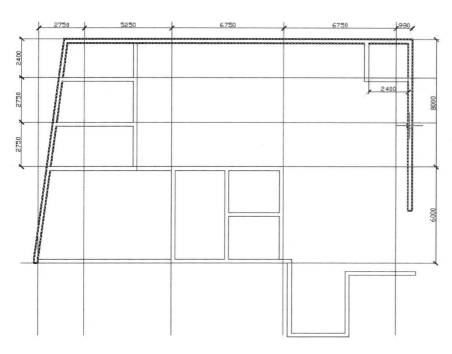

图 4-33 绘制内部墙体图形

图 4-34 绘制门图形

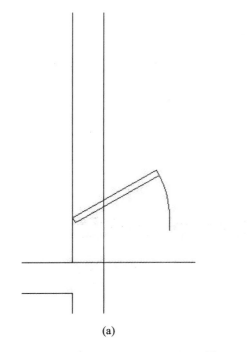

(a)

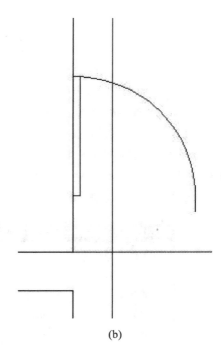

(b)

图 4-35 绘制门图形

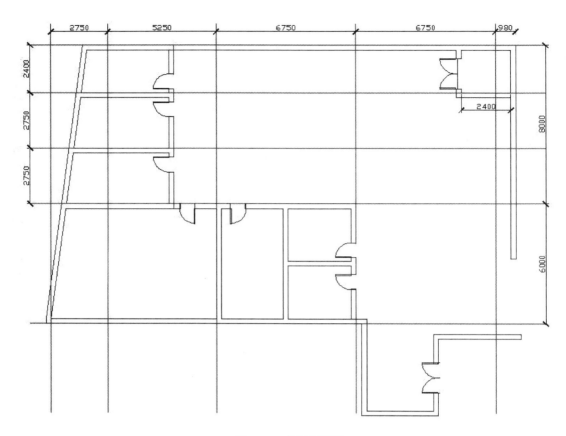

图 4-36   复制门图形

（11）绘制柱子图形。设置"外墙体"为当前层，选择矩形命令，命令行提示如下：

命令：_rectang   //激活矩形命令
指定第一个角点或[倒角(C)/标高(E)/圆角(F)/厚度(T)/宽度(W)]：   //指定第一点
指定另一个角点或[面积(A)/尺寸(D)/旋转(R)]：@400,400   //输入第二点

（12）选择"绘图"|"图案填充"菜单命令，弹出"图案填充和渐变色"对话框，选取图案"SOLID"，如图 4-37 所示，对柱子完成填充。

（13）选择"修改"|"复制"菜单命令，复制 6 个柱子，完成图形绘制。

图 4-37   "图案填充和渐变色"对话框

任务 6 绘制办公室平面布置图

知识要点

使用插入命令、镜像命令、移动命令、复制命令、阵列命令等,来完成办公室平面布置图形的绘制。

操作步骤

(1) 创建图形文件。选取"文件"|"打开"命令,弹出"选择文件"对话框,选取"办公室墙体"图形文件,单击"打开"按钮,开始新图。

(2) 插入"办公室墙体"图形。选择"插入"|"块"菜单命令,弹出"插入"对话框。单击"浏览"按钮,弹出"选择图形文件"对话框,选取"办公室墙体"图形,单击"打开"按钮,返回到"插入"对话框,单击"确定"按钮,命令行提示如下:

```
命令:_insert                                          //激活插入命令
指定插入点或[基点(B)/比例(S)/X/Y/Z/旋转(R)]:0,0      //输入插入点
```

选择"视图"|"缩放"|"范围"菜单命令,使得图形全屏显示,如图4-38所示。

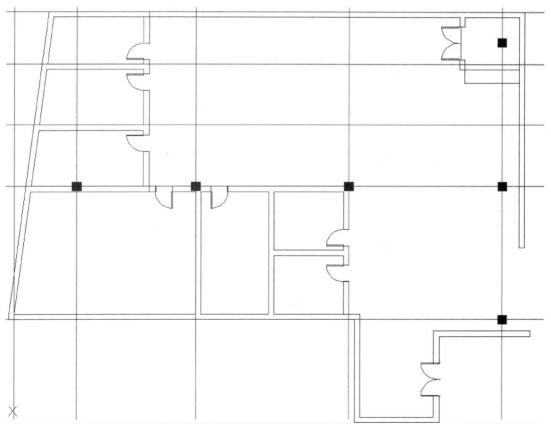

图4-38 办公室墙体全屏显示

（3）插入电脑桌图块，插入点确定在右下部，效果如图 4-39 所示。

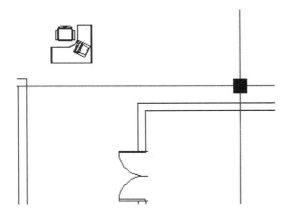

图 4-39　插入电脑桌图块

（4）编辑电脑桌图块。选择"复制"菜单命令，向右侧复制一个图块，效果如图 4-40 所示。

（5）编辑电脑桌图块。选择"镜像"菜单命令，镜像电脑桌图块，效果如图 4-41 所示。

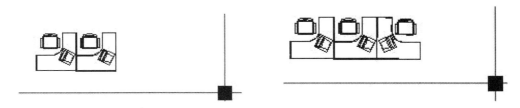

图 4-40　复制电脑桌图块　　　　　　　　　图 4-41　镜像电脑桌图块

（6）编辑电脑桌图块。选择"阵列"命令，弹出"阵列"对话框，如图 4-42 所示。参照对话框所示进行参数设置，效果如图 4-43 所示。

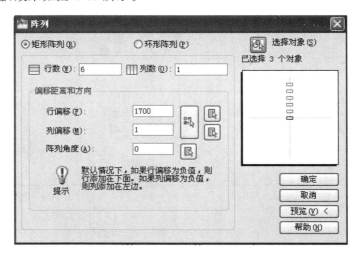

图 4-42　"阵列"对话框

同理，完成敞开式办公空间上部图形布置，在"行数"与"列数"数字框中都输入"3"，在"行偏移"数字框中输入"2200"，在"列偏移"数字框中输入"2700"，效果如图 4-44 所示。

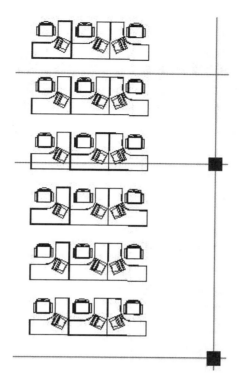

图 4-43　阵列电脑桌图块

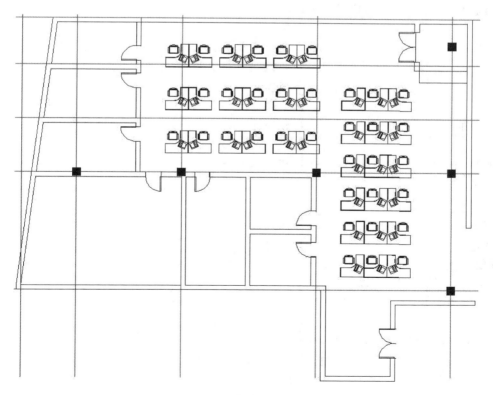

图 4-44　电脑桌效果图

单元小结

本单元通过办公室内的办公椅、电脑、电脑桌的绘制,掌握了高级绘图命令与修改命令的使用。通过完成办公室墙体图形的绘制,学习了多线的设置,使用多线可以方便地绘制出墙体,然后使用多线编辑命令对墙体进行编辑。在办公室平面布置中,首先将办公椅、电脑、电脑桌用写块命令定义为图块,然后分别插到适当位置。要注意写块命令可以创建一个图形文件,插到任何图形当中。

习题

1. 思考题

(1) 多线命令与多线编辑命令的功能与区别是什么?

(2) 写块命令与创建块命令有什么紧密联系?

(3) 多线编辑模式有多少种? 常用的是什么?

(4) 如何设置多线的线宽? 它与墙体宽度有何联系?

(5) 多段线绘制圆弧与直线时应该如何转换?

(6) 插入图块时基点的用途是什么?

(7) 定义图块时基点的作用是什么?

(8) 如何使用写块命令建立图块库?

(9) 插入图块时比例的用途是什么?

(10) 插入图块时旋转的功能是什么?

2. 将左侧的功能键与右侧的功能连接起来

F2	对象捕捉开关
F3	正交模式开关
F8	对象捕捉追踪开关
F10	图案填充
F11	多线命令
WBLOCK	创建块命令
ESC	重复上一次命令
ENTER(在"命令:"提示下)	多线编辑命令
MLINE	文本窗口开关
MLEDIT	写块命令
BLOCK	退出命令
BHATCH	极轴开关

3. 选择题

(1) 在(　　　)情况下,可以直接输入距离值。

　　A. 打开对象捕捉　　　　　　　　　B. 打开对象追踪

　　C. 打开极轴　　　　　　　　　　　D. 以上同时打开

(2) 单击键盘上的 F10 键可以打开或关闭(　　　)功能。

　　A. 正交　　　　　B. 极轴　　　　　C. 对象捕捉　　　　D. 对象追踪

(3) 正交功能和极轴功能(　　　)同时使用。

　　A. 可以　　　　　　　　　　　　　B. 不可以

（4）当光标只能在水平和垂直方向移动时,是在执行(　　)命令。

A. 正交　　　　　　B. 极轴　　　　　　C. 对象捕捉　　　D. 对象追踪

（5）多线编辑工具命令中常用的工具有(　　)。

A. T 形合并　　　　B. T 形打开　　　　C. 十字闭合　　　D. 添加顶点

4. 绘制图

（1）绘制桌子立面图,如图 4-45 所示。

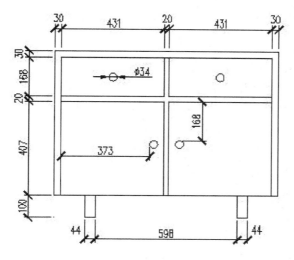

图 4-45　桌子立面图

（2）绘制门立面图,如图 4-46 所示。

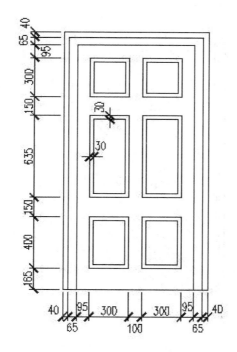

图 4-46　门立面图

（3）绘制餐桌平面图，如图 4-47 所示。

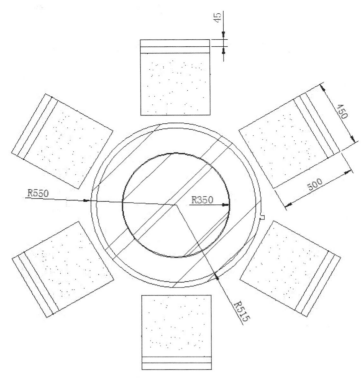

图 4-47　餐桌平面图

（4）绘制床平面图，如图 4-48 所示。

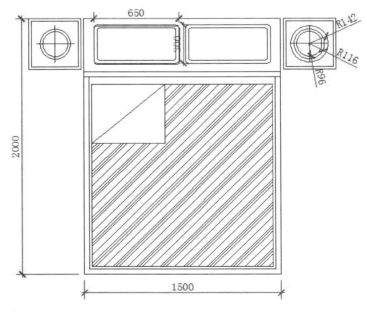

图 4-48　床平面图

文字、表格与尺寸标注

单元导读

　　文字注释是绘制图形中很重要的内容,因为我们做设计时通常不仅要绘制出图形,还要加入一些文字,如技术要求、注释说明等,对图形进行解释。AutoCAD 提供了多种写入文字的方法。图表在图形绘制中也有大量的应用,如明细表、参数表和标题栏等。尺寸标注是绘制图形过程中非常重要的一个环节,工程图必须有详细清晰的结构尺寸表达。

　　本单元将通过实例重点讲解文字的注释和编辑功能、表格的使用和尺寸标注的方法与操作技巧。

任务 1 文字标注

文字是建筑图形的基本组成部分,在图签、说明、图纸目录等处都需要用到文字。

一、设置文字样式

操作步骤

(1) 选取下拉菜单栏中的"格式"|"文字样式",系统打开"文字样式"对话框,如图 5-1 所示。

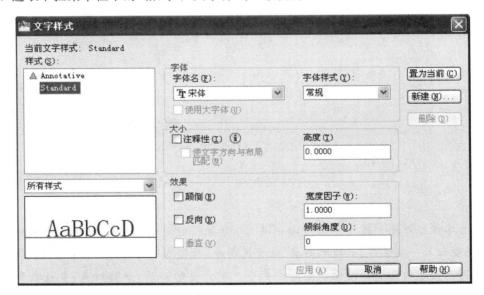

图 5-1　"文字样式"对话框

利用"文字样式"对话框可以新建或者修改当前文字样式。

下面设置 2 个新的文字样式,本实例要求创建"汉字"文字样式和"数字"文字样式。"汉字"文字样式采用"仿宋_GB2312"字体,不设定字体高度,宽度因子为 0.8,用于书写标题栏、设计说明等部分的汉字;"数字"文字样式采用"simplex.shx"字体,不设定字体高度,宽度因子为 0.8,用于标注尺寸等。

图 5-2　新建文字样式

(2) 设置"汉字"文字样式。

单击"文字样式"对话框中的"新建"按钮,弹出"新建文字样式"对话框,如图 5-2 所示,在"样式名"文本框中输入新样式名"汉字",单击"确定"按钮,返回"文字样式"对话框。从"字体名"下拉列表框中选择"仿宋_GB2312"字体,"宽度因子"文本框设置为0.8,"高度"文本框保留默认的值0,如图5-3所示,单击"应用"按钮。

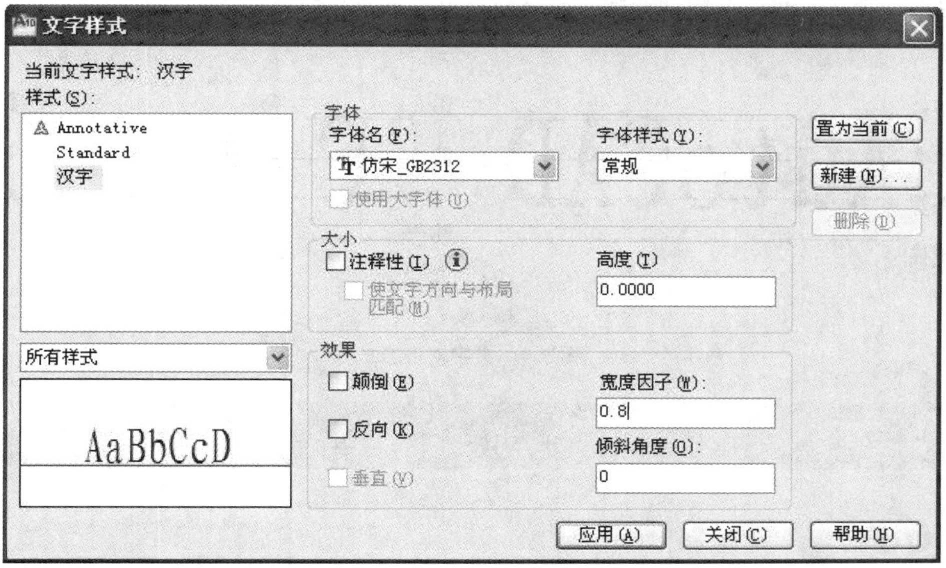

图5-3 设置"汉字"文字样式

(3)设置"数字"文字样式。

在"文字样式"对话框中,单击"新建"按钮,弹出"新建文字样式"对话框,在"样式名"文本框中输入新样式名"数字",单击"确定"按钮,返回"文字样式"对话框。从"字体名"下拉列表框中选择"simplex.shx"字体,"宽度因子"文本框设置为0.8,"高度"文本框保留默认的值0,单击"应用"按钮,单击"关闭"按钮。

本实例创建两个文字样式,即"汉字"文字样式和"数字"文字样式。这是建筑工程图中常用的两种文字样式。

二、单行文字标注

操作步骤

单击下拉菜单栏中的"绘图"|"文字"|"单行文字"选项,命令行提示如下:

```
命令:_text                                              //激活单行文字命令
当前文字样式:"汉字"  文字高度:2.5000  注释性:否
指定文字的起点或[对正(J)/样式(S)]:                         //单击指定起点
指定高度 <2.5000>:                                       //指定文字高度
指定文字的旋转角度 <0>:                                   //指定文字的倾斜角度
输入文字:
指定文字的起点或[对正(J)/样式(S)]:J                        //回车
输入选项 [左(L)/居中(C)/右(R)/对齐(A)/中间(M)/布满(F)/左上(TL)/中上(TC)/右上(TR)/左
中(ML)/正中(MC)/右中(MR)/左下(BL)/中下(BC)/右下(BR)]:
```

各个选项表示不同的文字对齐方式,当文字串水平排列时,系统为文字定义了 4 条线,如图 5-4 所示的顶线、中线、基线和底线。各种对齐方式的具体位置如图 5-4 中大写字母所示。

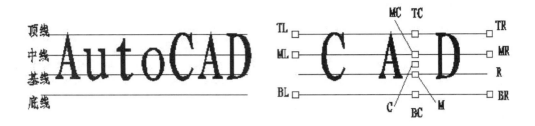

图 5-4　文字对齐方式

三、多行文字标注

操作过程

单击下拉菜单栏中的"绘图"|"文字"|"多行文字"选项,命令行提示如下:

```
命令:_mtext                              //激活多行文字命令
当前文字样式:"汉字"　文字高度:5　注释性:否
指定第一角点:                            //指定输入文字框第一角点
指定对角点或[高度(H)/对正(J)/行距(L)/旋转(R)/样式(S)/宽度(W)/栏(C)]:
                                        //指定输入文字框第二角点
```

系统弹出"文字格式"工具栏和多行文字编辑器,使用它可以输入多行文字。在"文字格式"工具栏中,选择"汉字"文字样式,文字高度设置为 10。在文字编辑器中输入相应的设计说明文字,如图 5-5 所示,最后单击"确定"按钮。

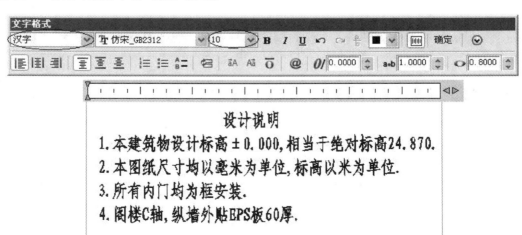

图 5-5　多行文字标注

该"文字格式"工具栏和多行文字编辑器与 Word 文字软件界面相似,这里不再赘述。

四、多行文字编辑

操作步骤

单击下拉菜单栏中的"修改"|"对象"|"文字"|"编辑"选项,命令行提示如下:

命令:_textedit

选择注释对象:

选取需要修改的文字,如果是单行文字,可以直接进行修改;如果是多行文字,选取文字后打开多行文字编辑器,如图5-6所示。选中文字后,参照前面编辑器各个按钮功能进行编辑。

图 5-6　多行文字编辑

任务 2　表格

AutoCAD 2015 新增加了表格绘图功能,用户可以直接插入已经设置好样式的表格。

一、设置表格样式

以门窗统计表为例,讲解表格样式的创建方法及表格的创建与编辑等。绘图结果如图 5-7 所示。

门窗统计表			
序　号	设计编号	规　格	数
1	M-1	1300×2000	4
2	M-2	1000×2100	30
3	C-1	2400×1700	10
4	C-2	1800×1700	40

图 5-7　门窗统计表

操作过程

新建表格样式。单击下拉菜单栏中的"格式"|"表格样式"选项,系统打开"表格样式"对话框,如图5-8所示。

单击"新建"按钮,弹出"创建新的表格样式"对话框,在"新样式名"文本框中输入"表格样式1",如图5-9所示,单击"继续"按钮,进入"新建表格样式:表格样式1"对话框。选取"数据"单元样式,单击"文字"选项卡,将"文字样式"设置为"汉字"文字样式,"文字高度"设置为6,如图5-10所示。同样,选取"表头"单元样式,单击"文字"选项卡,将"文字样式"设置为"汉字"文字样式,"文字高度"设置为6。选取"标题"单元样式,单击"文字"选项卡,将"文字样式"设置为"汉字"文字样式,"文字高度"设置为8。单击"确定"按钮,返回"表格样式"对话框,如图5-11所示。从"样式"列表框中选择"表格样式1",单击"置为当前"按钮,将该表格样式置为当前样式。

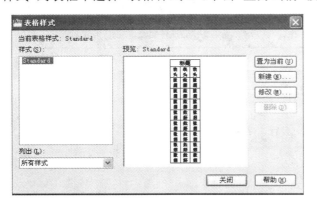

图 5-8　"表格样式"对话框

图 5-9　创建新的表格样式

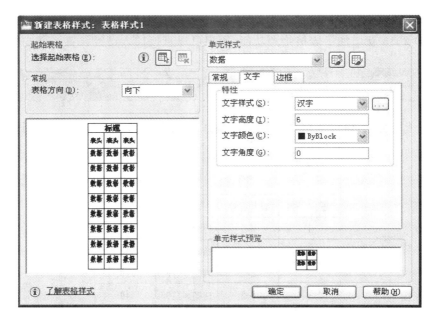

图 5-10　新建表格样式:设置"数据"单元样式

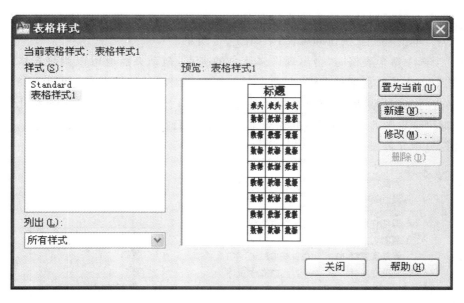

图 5-11 将"表格样式 1"置为当前

二、插入表格

单击"绘图"|"表格"选项,打开"插入表格"对话框。设置列数为4,列宽为50,数据行数为4,行高为2,如图5-12所示。

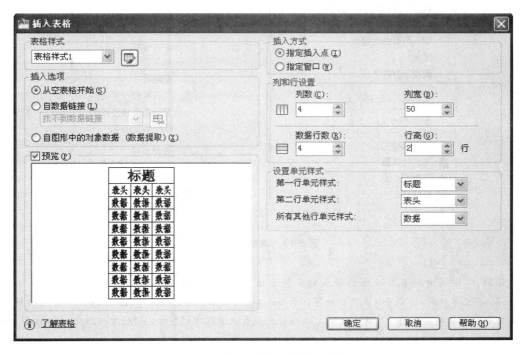

图 5-12 插入表格(列和行设置)

单击"确定"按钮,到绘图区内适当位置单击左键,插入表格,进入表格编辑状态,按照表格内容输入文字,单击"确定"按钮即可,结果如图 5-7 所示。

"提示"当选中整个表格时,会出现许多蓝色的夹点,拖动夹点就可以调整表格的行高和列宽。选中整个表格并单击鼠标右键,会弹出对整个表格编辑的快捷菜单,如图 5-13(a)所示,可对整个表格进行复制、粘贴、均匀调整行大小及列大小等操作。当选中某个或某几个表格单元时,单击右键可弹出图 5-13(b)所示的快捷菜单,可以进行插入行或列、删除行或列、删除单元内容、合并及拆分单元等操作。

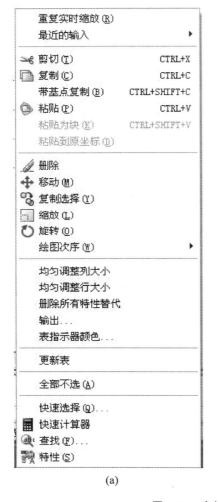

(a)   (b)

图 5-13　表格快捷菜单

说明:本实例讲解表格及表格样式的使用方法。系统默认的"Standard"表格样式中的数据采用"Standard"文字样式,该文字样式默认的字体为"txt.shx",该字体不识别汉字,因此"Standard"表格样式的预览窗口中将数据显示为"?",将"txt.shx"字体修改成能识别汉字的字体,如"仿宋_GB2312"字体等,即可显示汉字。

任务 3 尺寸标注

尺寸标注的命令集中在下拉菜单栏中的"标注"命令里,如图 5-14 所示。

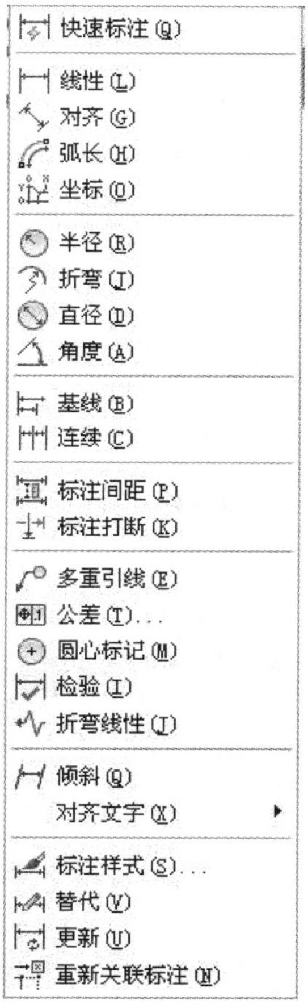

| 快速标注 (Q) |
| 线性 (L) |
| 对齐 (G) |
| 弧长 (H) |
| 坐标 (O) |
| 半径 (R) |
| 折弯 (J) |
| 直径 (D) |
| 角度 (A) |
| 基线 (B) |
| 连续 (C) |
| 标注间距 (P) |
| 标注打断 (K) |
| 多重引线 (E) |
| 公差 (T)... |
| 圆心标记 (M) |
| 检验 (I) |
| 折弯线性 (J) |
| 倾斜 (Q) |
| 对齐文字 (X) ▶ |
| 标注样式 (S)... |
| 替代 (V) |
| 更新 (U) |
| 重新关联标注 (N) |

图 5-14　尺寸标注的命令

一、设置尺寸样式

操作步骤

单击下拉菜单栏中的"格式"|"标注样式"选项,系统打开"标注样式管理器"对话框,如图 5-15 所示。

利用该对话框可以直观地设置和浏览尺寸标注的样式、新建尺寸标注样式、修改和删除已有的尺寸标注样式、替代尺寸标注样式等。

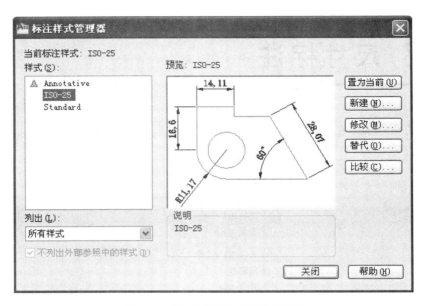

图 5-15 "标注样式管理器"对话框

1. 新建尺寸样式

单击图 5-15 中的"新建"按钮,打开"创建新标注样式"对话框,如图 5-16 所示。在"新样式名"文本框中输入"建筑",单击"继续"按钮,系统打开"新建标注样式:建筑"对话框,如图 5-17 所示。

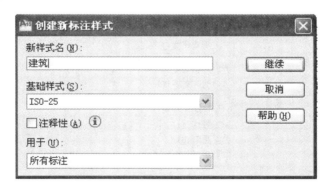

图 5-16 "创建新标注样式"对话框

2. 修改"建筑"尺寸样式箭头

单击"符号和箭头"选项卡,在"箭头"选项区中选择"第一个"和"第二个"都为"建筑标记"。利用"符号和箭头"选项卡,能够对箭头、圆心标记和半径折弯标注的各个参数进行设置。

3. 修改"建筑"尺寸样式文字

单击"文字"选项卡,在"文字外观"选项区中可以对"文字样式""文字颜色""填充颜色""文字高度"等参数进行设置,如图 5-18 所示。

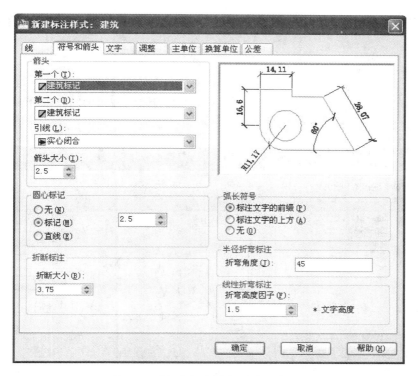

图 5-17 "新建标注样式:建筑"对话框

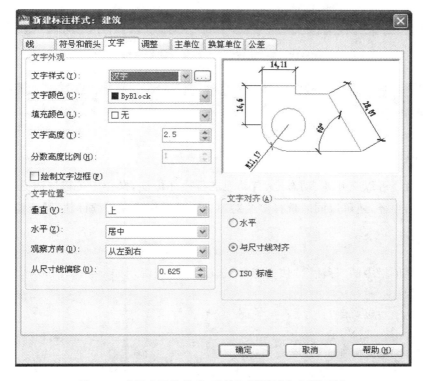

图 5-18 "新建标注样式:建筑"对话框"文字"选项卡

单击"文字样式"下拉列表框,选择"汉字"文字样式,单击"确定"按钮,结束"建筑"尺寸样式的设置。

4. 将"建筑"标注样式设置为当前标注样式

在图 5-19 中,选择"建筑"标注样式,单击"置为当前"按钮,就将"建筑"标注样式设置为当前标注样式,单击"关闭"按钮完成设置。

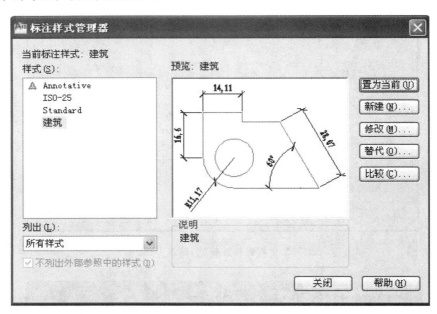

图 5-19 将"建筑"样式置为当前标注样式

二、尺寸标注的类型

1. 快速标注

快速标注命令可以交互地、动态地、自动地进行尺寸标注,操作中可以同时选择多个圆或者圆弧标注直径和半径,还可以同时选择多个对象进行基线标注和连续标注,因此能够节省时间。

操作过程

选择下拉菜单栏中的"标注"|"快速标注"选项,命令行提示如下:

```
命令:_qdim                                              //激活快速标注命令
关联标注优先级= 端点
选择要标注的几何图形:                                    //选择标注尺寸对象后回车
选择要标注的几何图形:
指定尺寸线位置或[连续(C)/并列(S)/基线(B)/坐标(O)/半径(R)/直径(D)/基准点(P)/编辑(E)/
设置(T)]< 连续>:
```

选项说明:(1) 指定尺寸线位置:直接确定尺寸线的位置。

(2) 连续(C):完成一系列的尺寸标注。

(3) 基线(B):完成一系列交错的尺寸链标注。

(4) 基准点(P):重新指定一个新的基准点。

(5) 编辑(E):对已有的尺寸添加标注或者移去尺寸点。

2. 线性标注

操作过程

选择下拉菜单栏中的"标注"|"线性"选项,命令行提示如下:

```
命令:_dimlinear                                    //激活线性标注命令
指定第一个尺寸界线原点或<选择对象>:               //选择标注尺寸界线第一点后回车
指定第二条尺寸界线原点:                           //选择标注尺寸界线第二点后回车
指定尺寸线位置或
[多行文字(M)/文字(T)/角度(A)/水平(H)/垂直(V)/旋转(R)]:
```

选项说明:(1) 指定尺寸线位置:单击左键确定尺寸线的位置,系统自动测量所标注线段的长度并标注出相应的尺寸。

(2) 多行文字(M):使用多行文字编辑器确定尺寸文字。

(3) 文字(T):命令行提示下输入或者编辑尺寸文字。

(4) 角度(A):修改尺寸文字的倾斜角度。

(5) 水平(H):不论标注哪个方向,尺寸线总是处于水平状态。

(6) 垂直(V):不论标注哪个方向,尺寸线总是保持垂直放置。

(7) 旋转(R):输入尺寸线旋转角度,可以旋转标注尺寸。

操作提示

对齐标注的尺寸线与被标注的图像轮廓线平行,坐标标注某一点的纵坐标或者横坐标,角度标注完成两个对象之间的角度,直径标注和半径标注可以标注圆或圆弧的直径和半径,圆心标记则标注圆或圆弧的中心点或中心线。上述五种标注与线性标注操作方法类似,在此不再赘述。

3. 连续标注

选择下拉菜单栏中的"标注"|"连续"选项,命令行提示如下:

```
命令:_dimcontinue                                  //激活连续标注命令
选择连续标注:
指定第二条尺寸界线原点或[放弃(U)/选择(S)]<选择>:  //指定第二条标注尺寸的原点
```

选项说明:在进行连续标注时,必须首先标注出一个相关的尺寸,然后指定第二条尺寸界线原点,就可以完成连续标注,形成一个尺寸链。连续标注是建筑工程图使用最多的标注方法。

实例小结

本实例创建两个文字样式,即"汉字"文字样式和"数字"文字样式。这是工程制图中常用的两种文字样式。单行文字用来创建内容比较简短的文字对象,如图名、门窗标号等。如果当前使用的文字样式将文字的高度设置为0,命令行将显示"指定高度:"提示信息;如果文字样式中已经指定文字的固定高度,则命令行不显示该提示信息,使用文字样式中设置的文字高度。在命令行输入DDEDIT或ED,可以对单行文字或多行文字的内容进行编辑。多行文字命令用来创建内容较多、较复杂的多行文字,无论创建的多行文字包含多少行,AutoCAD都将其作为一个单独的对象操作。多行文字可以包含不同高度的字符。要使用堆叠文字,文字中必须包含插入符(^)、正向斜杠(/)或磅符号(#)。选中要进行堆叠的文字,单击"文字格式"工具栏中的 ![] 按钮,就可将堆叠字符左侧的文字堆叠在右侧的文字之上。

习题

1. 思考题

(1) 单行文字命令和多行文字命令有什么区别?各适用于什么情况?

(2) 如何创建新的文字样式?

(3) 如何创建新的表格样式?

(4) 表格中的单元格能否合并?如何操作?

(5) 怎样插入新的表格?

(6) 写文字时"对正"选项共有多少种?

(7) 设置文字样式时,文字高度的设置对写文字有什么影响?

(8) 特殊控制符如何输入?

2. 将左侧的命令与右侧的功能连接起来

TEXT	创建多行文字
MTEXT	创建表格对象
STYLE	编辑文字内容
DDEDIT	创建单行文字
TABLE	创建文字样式

3. 选择题

(1) 以下(   )命令是多行文字命令。

    A. TEXT   B. MTEXT   C. TABLE   D. STYLE

(2) 以下(   )控制符表示正负公差符号。

    A. %%P   B. %%D   C. %%C   D. %%U

(3) 表格样式中的"标题"(   )设置在表格的下方。

    A. 可以   B. 不可以

(4) 中文字体有时不能正常显示,它们显示为"?",或者显示为一些乱码。使中文字体正常显示的方法有(   )。

    A. 选择 AutoCAD 2015 自动安装的 txt.shx 文件

    B. 选择 AutoCAD 2015 自带的支持中文字体正常显示的 TTF 文件

    C. 在"文本样式"对话框中,将字体修改成支持中文的字体

D. 拷贝第三方发布的支持中文字体的 SHX 文件

（5）系统默认的 Standard 文字样式采用的字体是（　　　）。

A. simplex. shx　　　　B. 仿宋_GB2312　　　　C. txt. shx　　　　D. romanc. shx

（6）对于 TEXT 命令，下面描述正确的是（　　　）。

A. 只能用于创建单行文字

B. 可创建多行文字，每一行为一个对象

C. 可创建多行文字，所有多行文字为一个对象

D. 可创建多行文字，但所有行必须采用相同的样式和颜色

4. 用 MTEXT 命令写文字

要求字体采用"宋体"，字高为 5，字体的宽度因子为 0.8，如图 5-20 所示。

设计说明：

1. 设计范围：本设计为某大楼制冷机房的设计。

2. 执行依据：

《采暖通风与空气调节设计规范》。

业主对设计提出的有关要求。

3. 本大楼的建筑面积为100915㎡，总耗冷量为9495kW，在大楼地下一层的制冷机房内设3台2800kW的离心式冷水机组，1台900kW的螺杆式冷水机组，在大楼群房的5层屋顶与冷水机组对应设置4台横流式冷却塔。

4. 冷水系统为二次泵变水量系统，与冷水机组一对一设4台一次冷水循环泵(螺杆式冷水机组的一次水循环泵设备用泵)，另设3台二次冷水循环泵。冷水的供回水温度为6~12℃，系统的工作压力为1.0MPa。

5. 与冷水机组一对一设4台冷却水循环泵(与螺杆式冷水机组对应的冷却水泵设备用泵)，冷却水的供回水温度为32~38℃，系统的工作压力为0.6MPa。

图 5-20　文字

5. 创建表格

要求字体采用"仿宋_GB2312"，字高为 5，字体的宽度因子为 0.8，其他参数自定，如图 5-21 所示。

序号	设备位号	名　称　及　规　格		单位	数量	备　　注
10	127	定期排污扩容器	Ø2000　DP-7.5	台	2	
9	126	连续排污扩容器	Ø1500　LP-5.5	台	1	
8	125	锅炉给水泵	GD85-80x8	台	3	
		附除氧水箱		台	2	
7	124	旋膜除氧器	XMC-85	台	2	
		附电动机	Y132S2-2	台	2	
6	109	疏水泵	IS80-65-160	台	2	
5	108	疏水箱		台	2	
4	107	潜污水泵	80WQ40-15-4	台	1	
3	106	喷淋水泵	125TSWAX5	台	2	
2	105	消火栓水泵	150TSWAX4	台	2	
1	101	生活水泵	75TSWAX8	台	2	

设 备 一 览 表

图 5-21　表格

AutoCAD 制图设计基础

　　建筑设计是指建筑物在建造之前,设计者按照建设任务将施工过程和使用过程中所存在的或可能发生的问题事先做好通盘的设想,拟定好解决这些问题的办法、方案,并用图样和文件表达出来。

　　本单元将简要介绍 AutoCAD 制图设计的一些基本知识,制图的设计要求与规范、设计内容等,主要讲解建筑总平面图、平面图、立面图、剖面图、详图的重点内容以及绘制步骤。

学习要点

- AutoCAD 制图设计概述
- 制图基础知识
- 详图的绘制

任务 1 AutoCAD 制图设计概述

一、AutoCAD 设计基础

建筑设计是为人类建立生活环境的综合艺术和科学,是一门涵盖极广的学科。建筑设计一般从总体上说由三大阶段构成,即方案设计、初步设计和施工图设计。方案设计主要是构思建筑的总体布局,包括各个功能空间的设计、高度、层高、外观造型等内容;初步设计是对方案设计的进一步优化,确定建筑的具体尺度和大小,包括建筑平面图、建筑剖面图和建筑立面图等;施工图设计则是将建筑构思变成图纸的重要阶段,是建造建筑的主要依据,除了包括建筑平面图、建筑剖面图和建筑立面图等外,还包括各个建筑大样图、建筑构造节点图以及其他专业设计图纸,如结构施工图、电气设备施工图、暖通空调设备施工图。

二、建筑设计过程简介

建筑设计是根据建筑物的使用性质、所处环境和相应的标准,运用物质技术手段和建筑美学原理,创造功能合理、舒适优美、满足人们物质和精神生活需要的室内外空间环境。设计构思时,需要运用物质技术手段,如各类装饰材料和设施设备等;还需要建筑美学原理,综合考虑使用功能、结构施工、材料设备、造价标准等多种因素。

具体来说,完成建筑施工图需要经过以下几个阶段:

1. 方案设计阶段

方案设计是在明确设计任务书和设计方要求的前提下,遵循国家有关设计标准和规范,综合考虑建筑的功能、空间、造型、环境、材料、技术等因素,做出一个设计方案,形成一定的方案设计文件。方案设计文件总体上包括设计说明书、总图、建筑设计图纸以及设计委托书或合同规定的透视图、鸟瞰图、三维模型或模拟动画等方面。方案设计文件一方面要向建设方展示设计思想和方案成果,最大限度地突出方案的优势;另一方面,还要满足下一步编制初步设计的需要。

2. 初步设计阶段

初步设计是方案设计和施工图设计之间承前启后的阶段。它在方案设计的基础上吸取各方面的意见和建议,推敲、完善、优化设计方案,初步考虑结构布置、设备系统和工程概算,进一步解决各工种之间的技术协调问题,最终形成初步设计文件。初步设计文件总体上包括设计说明书、设计图纸和工程概算书 3 个部分,初步设计文件还包括设备表、材料表等内容。

3. 施工图设计阶段

施工图设计是在方案设计和初步设计的基础上，综合建筑、结构、设备等各个工种的具体要求，将它们反映在图样上，完成建筑、结构、设备全套图纸，目的在于满足设备材料采购、非标准设备制作和施工的要求。施工图设计文件总体上包括所有专业设计图样和合同要求的工程概算书。建筑专业设计文件应包括图样目录、施工图设计说明、设计图纸（包括总图、平面图、立面图、剖面图、大样图、节点详图）、计算书。计算书由设计单位存档。

任务 2 建筑制图基础知识

一、建筑制图概述

1. 建筑制图的概念

建筑设计图是建筑设计人员用来表达设计思想、传达设计意图的技术文件，是方案投标、技术交流和建筑施工的重要文件。建筑制图是指根据正确的制图理论及方法，按照国家统一的建筑制图规范将设计思想和技术特征清晰、准确地表现出来。建筑图纸包括方案图、初始设计图、施工图等类型。国家标准《房屋建筑制图统一标准》（GB/T 50001—2017）、《总图制图标准》（GB/T 50103—2010）、《建筑制图标准》（GB/T 50104—2010）是建筑设计人员手工绘图和计算机制图的依据。

2. 建筑制图程序

建筑制图的程序是与建筑设计的程序相对应的。从整个设计过程来看，按照设计方案图、初始设计图、施工图的顺序来进行，后面阶段的图样在前一阶段的基础上做深化、修改和完善。就每个阶段来看，一般遵循平面、立面、剖面、详图的过程来绘制。至于每种图样绘图的具体程序，将结合学习 AutoCAD 2015 的命令操作与实例绘制来讲解。

二、建筑制图的要求及规范

1. 图幅、标题栏及会签栏

（1）图幅即图面的大小，分为横式和立式两种。根据国家标准规定，按图面长和宽的大小确定图幅的等级。建筑常用的图幅有 A0（也称 0 号图幅，其余类推）、A1、A2、A3 及 A4，每种图幅的长宽尺寸见表 6-1，表中的尺寸代号意义如图 6-1 所示。

表6-1　图幅尺寸　　　　　　　　　　　　　单位:mm

尺寸代号　　　幅面代号	A0	A1	A2	A3	A4
$b×l$	841×1189	594×841	420×594	297×420	210×297
c		10			5
a			25		

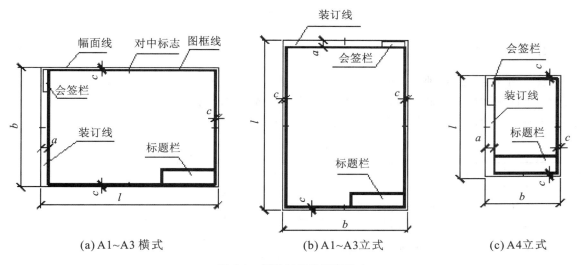

(a) A1~A3 横式　　　　　　　(b) A1~A3 立式　　　　　　　(c) A4 立式

图 6-1　每种图幅的长宽尺寸

对 A0~A3 图纸可以对长边进行加长,但短边一般不应加长,加长尺寸如表6-2所示。如有特殊需要,可采用 $b×l=841\ mm×891\ mm$ 或 $1891\ mm×1261\ mm$ 的幅图。

表6-2　图纸长边加长尺寸　　　　　　　　　　单位:mm

幅面代号	长边尺寸	长边加长后尺寸
A0	1189	1486 1635 1783 1932 2080 2230 2378
A1	841	1051 1261 1471 1682 1892 2102
A2	594	743 891 1041 1189 1338 1486 1635 1783 1932 2080
A3	420	630 841 1051 1261 1471 1682 1892

（2）标题栏包括设计单位名称、工程名称区、签字区、图名区及图号区等内容。如今不少设计单位喜欢自行定制比较个性化的标题栏格式,但仍必须包括这几项内容。

（3）会签栏是为各工种负责人审核后签名用的表格,它包括专业、实名、签名、日期等内容,如图 6-2 所示。对于不需要会签的图纸,可以不设此栏。

此外,需要微缩复制的图纸,其一个边上应附有一段准确米制尺度,4 个边上均附有对中标志。米制尺度的总长应为 100 mm,分格应为 10 mm,对中标志应画在图样各边长的中点处,线宽应为 0.35 mm,伸入框内应为 5 mm。

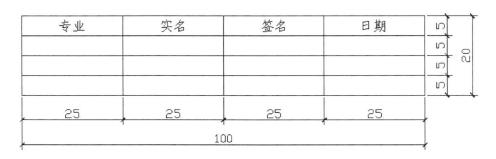

专业	实名	签名	日期		
25	25	25	25		

图 6-2 会签栏

2. 线型要求

建筑图样主要由各种线条构成,不同的线型表示不同的对象和不同的部位,代表不同的含义。为了使图样能够清晰、准确、美观地表达设计思想,工程实践中采用了一套常用的线型,并规定了它们的使用范围。其常用的线型统计如表 6-3 所示。

表 6-3 常用线型统计表

名　　称		线　　型	线　　宽	适 用 范 围
实线	粗		b	建筑平面图、剖面图、构造详图被剖切到主要构件截面轮廓线;建筑立面图外轮廓线;图框线;剖面线;总图中的新建建筑物轮廓
	中		$0.5b$	建筑平面、剖面中被剖切的次要构件的轮廓线;建筑平面图、立面图、剖面图构件配件的轮廓线;详图中的一般轮廓线
	细		$0.25b$	尺寸线、图例线、索引符号、材料线及其他细部刻画用线等
虚线	中		$0.5b$	主要用于构造详图中不可见的实物轮廓;平面图中的起重机轮廓;拟扩建的建筑物轮廓线
	细		$0.25b$	其他不可见的次要建筑物轮廓线
点划线	细		$0.25b$	轴线、构配件的中心线、对称线等
折断线	细		$0.25b$	省画图样时的断开界线
波连线	细		$0.25b$	构造层次的断开界线,有时也表示省略图中的断开界线

其中,图线宽度 b 宜从下列线宽中选取:2.0 mm、6.4 mm、8.0 mm、0.7 mm、0.5 mm、0.35 mm。不同的 b 值,产生不同的线宽组。在同一张图样内,对于各个不同线宽组中的细线,可以统一采用较细的线宽组中的细线。但对于需要微缩的图样,线宽应大于 0.18 mm。

3. 尺寸标注

尺寸标注的一般原则:

(1)尺寸标注应力求准确、清晰、美观大方。同一张图样中,标注风格应保持一致。

(2)尺寸线应尽量标注在图样轮廓线以外,从内到外依次标注从小到大的尺寸,不能将大尺寸标在内部,而小尺寸标在外部,如图 6-3 所示。

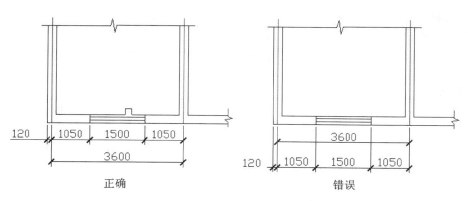

正确   错误

图 6-3   尺寸标注

（3）最里面的一道尺寸线与图样轮廓线之间的距离不应小于 10 mm，两道尺寸线之间的距离一般为 7～10 mm。

（4）尺寸界线朝向图样的端头距图样轮廓的距离应大于等于 2 mm，不宜直接与之相连。

（5）在图线拥挤的地方，应合理安排尺寸线的位置，但不宜与图线、文字及符号相交；可以考虑将轮廓线用作尺寸界线，但不能作为尺寸线。

（6）对于室内设计图中连续重复的构配件等，当不易标明定位尺寸时，可在总尺寸的控制下，不用数值而用"均分"或"EQ"字样表示定位尺寸，如图 6-4 所示。

图 6-4   连续标注

4. 文字说明

对于一幅完整的图样中用图线方式表现得不充分和无法用图线表示的地方，需要进行文字说明，例如设计说明、材料说明、构配件名称、构造做法、统计表及图名等。文字说明是图纸内容的重要组成部分，制图规范对文字标注中的字体、字的大小、字体字号搭配等方面做了一些具体规定。

（1）一般原则：字体端正，排列整齐，清晰准确，美观大方，避免过于个性化的文字标注。

（2）字体：一般标注推荐采用仿宋字体，对于大标题、图册封面、地形图等中的文字，也可采用其他字体，但应易于辨认。

（3）字的大小：标注的文字高度要适中。同一类型的文字采用同一大小的字。较大的字用于概括性地说明内容，较小的字用于细致地说明内容。文字的字高应从如下系列中选用：3.5 mm、5 mm、7 mm、10 mm、14 mm、20 mm。如需书写更大的字，其高度应按 $\sqrt{2}$ 的比值递增。注意字体及大小搭配的层次感。

5. 常用图示标志

（1）详图索引符号及详图符号：建筑平面图、立面图、剖面图中，在需要另设详图表示的部位标注一个索引符号，以标明该详图的位置，这个索引符号即详图索引符号。详图索引符号采用细实线绘制,圆圈直径为 10 mm。如图 6-5 所示,图中(a)～(g)用于索引剖面详图,当详图就在本张图纸上时,采用(a)的形式,详图不在本张图纸上时,采用(b)～(g)的形式。

详图符号即详图的编号,用粗实线绘制,圆圈直径为 14 mm,如图 6-6 所示。

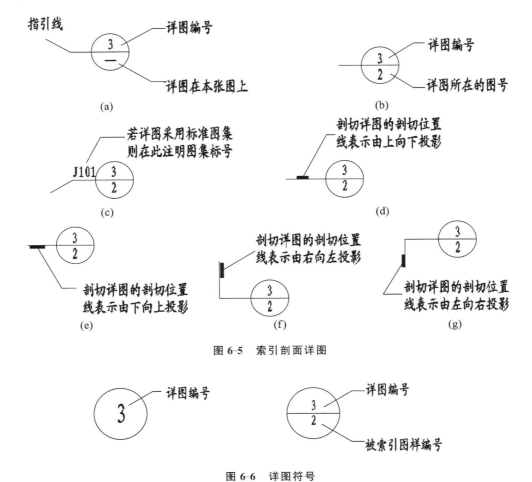

图 6-5　索引剖面详图

图 6-6　详图符号

(2)引出线:由图样引出一条或多条线段指向文字说明,该线段就是引出线。引出线与水平方向的夹角一般采用 0°、30°、45°、60°或 90°,常见的引出线形式如图 6-7 所示。图 6-7 中的引出线为普通引出线,使用多层构造引出线时,注意构造分层的顺序应与文字说明的分层顺序一致,文字说明可以放在引出线的端头。

6. 常用绘图比例

下面列出常用的绘图比例,读者可根据实际情况灵活使用。

- 总图:1:500,1:1000,1:2000。
- 平面图:1:50,1:100,1:150,1:200,1:300。
- 立面图:1:50,1:100,1:150,1:200,1:300。
- 剖面图:1:50,1:100,1:150,1:200,1:300。

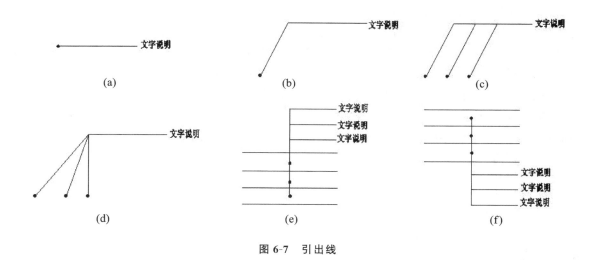

图 6-7　引出线

- 局部放大图：1:10，1:20，1:25，1:30，1:50。
- 配件及构造详图：1:1，1:2，1:5，1:10，1:15，1:20，1:25，1:30，1:50。

三、建筑制图的内容及编排顺序

1．建筑制图内容

建筑制图的内容包括总图、平面图、立面图、剖面图、构造详图和透视图、设计说明、图纸封面、图样目录等方面。

2．图纸编排顺序

图纸编排顺序一般应为图样目录、总图、建筑图、结构图、给水排水图、暖通空调图、电气图等。对于建筑专业，一般顺序为目录、施工图设计说明、附表（装修做法表、门窗表等）、平面图、立面图、剖面图、详图等。

任务 3　建筑详图的绘制

一、建筑详图的绘制内容

1．楼梯详图

楼梯详图包括平面、剖面和节点 3 部分。平面、剖面常用 1:50 的比例绘制，楼梯中的节点详图可以根据对象大小酌情采用 1:5、1:10、1:20 等比例。楼梯平面图与建筑平面图的不同之处在于:它只需绘制出楼梯及四面相接的墙体;而且,楼梯平面图需要准确地表示出楼梯间净空、梯段长度、梯段宽度、踏步宽度和级数、栏杆(栏板)的大小及位置,以及楼面、平台处的标高等。楼梯间剖面图只需绘制出与楼梯相关的部分,相邻部分可用折断线断开。选择在底层第一跑梯并能够剖到门窗的位置剖切,向底层另一跑梯段方向投射。尺寸需要标注层高、平台、梯段、门窗洞口、栏杆高度等竖向尺寸,并应标注出室内外地坪、平台、平台梁底面的标高。水平方向需要标注定位轴线及编号、轴线尺寸、平台、梯段尺寸等。梯段尺寸一般用"踏步宽(高)×级数=梯段宽(高)"的形式表示。此外,楼梯剖面上还应注明栏杆构造节点详图的索引编号。

2. 电梯详图

电梯详图一般包括电梯间平面、机房平面图和电梯间剖面图 3 部分,常用 1:50 的比例绘制。平面图需要表示出电梯井、电梯厅、前室相对定位轴线的尺寸及自身的净空尺寸,表示出电梯图例及配重位置、电梯编号、门洞大小及开口形式、地坪标高等。机房平面需要表现出设备平台位置及平面尺寸、顶面标高、楼面标高,以及通往平台的梯子形式等内容。剖面图需要剖在电梯井、门洞处,表示出地坪、楼层、地坑、机房平台的竖向尺寸和高度,标注出门洞高度。为了节约图纸,中间相同部分可以折断绘制。

3. 厨房、卫生间放大图

根据其大小可酌情采用 1:30、1:40、1:50 的比例绘制。需要详细表示出各种设备的形状、大小、位置、地面设计标高、地面排水方向及坡度等,对于需要进一步说明的构造节点,需标明详细索引符号、绘制节点详图或引用图集。

4. 门窗详图

门窗详图一般包括立面图、断面图、节点图等内容。立面图常用 1:20 的比例绘制,断面图常用 1:5 的比例绘制,节点图常用 1:10 的比例绘制。标准化的门窗可以引用有关标准图集,说明其门窗图集编号和所在位置。根据《建筑工程设计文件编制深度规定》(2016 年版),非标准的门窗、幕墙需绘制详图。如委托加工,需绘制出立面分格图,标明开取扇、开取方向,说明材料、颜色,以及与主体结构的连接方式等。

对于详图而言,详图兼有平面图、立面图、剖面图的特征,它综合了平面图、立面图、剖面图绘制的基本操作方法,并具有自己的特点,只要掌握一定的绘图程序,难度应该不大。真正的难度在于对建筑构造、建筑材料、建筑规范等相关知识的掌握。

通过对建筑详图的说明,读者已经清楚地了解了建筑详图的绘制内容,具体如下。

(1)具有详图编号,而且要求对应平面图上的剖切符号编号。

(2)详图说明建筑屋面、楼层、地面和檐口的构造。

(3)详图说明楼板与墙的连接情况以及楼梯梯段与梁、柱之间的连接情况。

(4)详细说明门窗顶、窗台及过梁的构造情况。

(5)详细说明勒脚、散水等构造的具体情况。

(6)具有各个部位的标高以及各个细部的大小尺寸和文字说明。

二、绘制建筑详图的一般步骤

详图绘制的一般步骤如下。

（1）图形轮廓绘制：包括断面轮廓和看线。

（2）材料图例填充：包括各种材料图例选用和填充。

（3）符号、尺寸、文字等标注：包括设计深度要求的轴线及编号、标高，索引、折断符号和尺寸、说明文字等。

单元小结

本单元讲述了建筑总平面图、建筑平面图、建筑立面图、建筑剖面图和建筑详图的基本概念、绘制要求及其绘制步骤。

在总平面图的绘制概述中，介绍了方案设计、初步设计、施工图设计三个阶段，为后续的学习做了一定的铺垫。

 习题

1. 思考题

（1）建筑总平面图能够表达什么？

（2）总平面图中的图例有哪些？

（3）建筑平面图根据剖切位置不同可以分成几类？

（4）建筑立面图的分类方法是什么？

2. 选择题

（1）关于矩形说法错误的是（　　）。

    A. 根据矩形的周长就可以绘制矩形

    B. 矩形是复杂实体，是多段线

    C. 矩形可以进行倒圆、倒角

    D. 已知面积和一条边长度可以绘制矩形

（2）在进行修剪操作时，首先要定义修剪边界，没有选择任何对象，而是直接按回车或空格，则（　　）。

    A. 无法进行下面的操作

    B. 系统继续要求选择修剪边界

    C. 修剪命令马上结束

    D. 所有显示的对象作为潜在的剪切边

（3）利用偏移命令不可以（　　）。

    A. 复制直线　　　　　　B. 创建等距曲线　　　　　　C. 删除图形　　　　　　D. 画平行线

（4）关于 ZOOM（缩放）和 PAN（平移）的几种说法，哪一个正确？（　　　）

    A. ZOOM 改变实体在屏幕上的显示大小，也改变实体的实际尺寸

    B. ZOOM 改变实体在屏幕上的显示大小，但不改变实体的实际尺寸

    C. PAN 改变实体在屏幕上的显示位置，也可改变实体的实际位置

    D. PAN 改变实体在屏幕上的显示位置，其坐标值也随之改变

（5）现在要将 A 对象的特性匹配到 B 对象上，方法是（　　　）。

    A. 调用"特性匹配"，首先选择"源对象"A，然后选择"目标对象"B

    B. 调用"特性匹配"，首先选择"目标对象"B，然后选择"源对象"A

    C. 调用"特性匹配"，选择 A 和 B

    D. 选择 A 和 B，调用"特性匹配"

参考文献

1.张宪立,宫伟.AutoCAD 2014 建筑设计案例教程[M].北京:电子工业出版社,2015.

2.王芳,李井永.AutoCAD 2006 建筑制图实例教程[M].北京:清华大学出版社,北京交通大学出版社,2006.

3.胡喜仁,等.AutoCAD 2010 中文版建筑设计实例教程[M].北京:机械工业出版社,2010.

4.程绪琦,王建华,梁珣,等.AutoCAD 2006 中文版标准教程[M].北京:电子工业出版社,2005.

5.张日晶,刘昌丽,胡仁喜.AutoCAD 2011 建筑设计标准实例教程[M].北京:科学出版社,2011.

6.周建国,周世宾.AutoCAD 2008 建筑设计实例精讲[M].北京:人民邮电出版社,2008.

BIM技术系列

Revit Architecture项目实例教程
Revit Structure项目实例教程
Revit MEP项目实例教程
Autodesk Revit族项目实例教程
Autodesk Navisworks项目实例教程
Lumion6.0 项目实例教程
Tekla Structures Xsteel项目实例教程
Autodesk Civil3D项目实例教程

16G101平法图集系列

混凝土结构平法施工图识读
混凝土结构设计与识图构造
钢筋工程量计算
装饰工程量计算

土建施工类

土木工程概论/建筑工程基础
建筑CAD
建筑CAD实训
建筑制图
建筑制图习题集
建筑工程制图与识图
建筑工程制图与识图习题集
平法识图与钢筋算量
土力学与地基基础（第2版）
建筑力学
✓ AutoCAD 2015基础教程
建筑力学与结构
建筑材料
房屋建筑学
建筑工程测量
建筑工程测量实训
建筑识图与构造
建筑识图与构造实训
建筑施工技术
基础工程施工
砌体结构工程施工
混凝土结构工程施工
钢结构工程施工
屋面与防水工程施工
装饰装修工程施工
建筑施工工艺
建筑节能技术
建筑工程专业英语

工程管理类

建筑工程造价/工程造价概论
工程造价控制
建筑工程经济
施工企业会计
建筑企业财务管理
建筑工程定额与预算
建筑工程预算项目化教程
安装工程定额与预算
安装工程预算项目化教程
建筑工程计量与计价
建筑工程清单计量与计价
安装工程计量与计价

安装工程清单计量与计价
工程造价案例分析
工程造价软件算量（广联达）
工程造价软件算量（斯维尔）
钢筋工程量计算
钢筋翻样与算量
建筑工程结算
建设工程法规（第2版）
建筑工程监理
建筑工程安全管理
建筑工程质量验收
建筑施工组织与管理
建筑工程项目管理
建筑工程资料管理
建筑工程招标与投标
建筑工程招投标与合同管理

建筑设计类

素描
色彩
构成
建筑设计基础
建筑艺术造型设计
建筑初步
建筑表现技法
建筑装饰材料
装饰材料与构造
建筑装饰设计原理
建筑装饰构造与施工技术
装饰工程概预算
装饰工程计量与计价
装饰工程招投标与合同管理
中外建筑史
居住空间设计
住宅建筑设计
公共建筑设计
高层建筑设计
室内环境与设备
室内设计手绘
室外环境设计
3DS Max室内外效果图
Photoshop辅助设计

房地产类

房地产基本制度与政策
房地产法规
房地产法规与案例分析
房地产评估
房地产估价
房地产经纪实务
房地产开发实务
房地产经营管理
房地产开发与经营
房地产市场调查
房地产营销策划
房地产经济学
房地产金融实务
房地产投资分析
房地产测量
物业管理概论
物业管理实务
物业管理法规

物业客户服务
物业管理财税基础
房屋构造与维护管理
物业设施设备管理
物业统计

市政道桥类

市政管道工程施工
市政道路工程施工
市政桥梁工程施工
公路工程施工
公路工程经济
公路工程预算
公路工程计量与计价
公路工程施工组织管理
公路工程建设招标与投标
公路工程项目管理
公路工程造价
道路工程施工监理
道路工程检测技术
道路工程制图
道路工程CAD
道路建筑材料
道路工程力学
路基路面工程
道路勘测设计
道路机械与施工用电
交通工程概论
公路养护与管理
桥梁工程
桥涵结构设计基础
工程地质
地基处理与基础施工
地下工程施工
建筑给水排水工程

建筑设备类

流体力学 泵与风机
热工学基础
建筑电气控制技术
建筑电气施工技术
建筑供电与照明
建筑弱电技术
建筑设备
建筑设备控制系统施工
通风与空气调节工程
建筑给水排水工程
楼宇智能化技术
电机与拖动基础
建筑识图与机械基础
建筑识图基础与autocad
综合布线与网络工程
电工与电子技术
建筑设备工程计价
建筑设备热源与冷源
供热工程
现代安防技术设计与实施